AF384836

8 R
22128

DÉPÔT LÉGAL
Nord
221   579

DE THYANE

Petit Manuel pratique

D'ASTROLOGIE

Prix : 1 franc

H. DARAGON
Éditeur
96-98, rue Blanche
PARIS (IX⁰)

LIBRAIRIE H. DARAGON
96-98, Rue Blanche, PARIS (IX')

J. LEFÈVRE

La Matérialisation de l'Ether

1 brochure in-8 .. .. **1 fr. 50**

Les Sciences Mystérieuses

(Lignes de la main — Écriture — Physionomie — Phrénologie — Secrets des cartes.) 1 vol. in-16, cart. .. .. **5 fr.**

CADET DE GASSICOURT et BARON DE ROURE DE PAULIN

L'Hermétisme dans l'Art Héraldique

1 vol. in-8, avec 55 illustrations, 3 tableaux et 7 planches hors texte (tirage limité).. .. .. **3 fr. 50**

En Vente la 1re Année de la

Revue Générale des Sciences Psychiques

Publication mensuelle, paraissant le 15 de chaque mois sauf août et septembre, et formant à la fin de l'année un volume de 500 pp. Prix de l'abonnement (France et étranger) .. .. .. **10 fr.**

La revue traite d'Occultisme, Kabbale, Psychisme, Magnétisme, Hypnotisme, Magnothérapie — Suggestion, Psychiatrie — Catalepsie — Dégagement astral — Extériorisation, Théosophie — Linguistique occidentale et orientale, Mythes et Religions.

Numéro spécimen : **1 franc en timbres**

En Vente la 13' Année de la Revue

Les Nouveaux Horizons de la Science et de la Pensée
(Hyperchimie - Rosa Alchemica)

Organe de la " SOCIÉTÉ ALCHIMIQUE DE FRANCE "

Revue mensuelle publiée sous la Direction de **JOLLIVET-CASTELOT**

Abonnement annuel : FRANCE, **5** francs ; ÉTRANGER, **6** francs
Prix du numéro séparé : **0 fr. 60**

8ᵉ R

22168

3199

PETIT MANUEL PRATIQUE

D'ASTROLOGIE

A. DE THYANE

Petit Manuel pratique

D'ASTROLOGIE

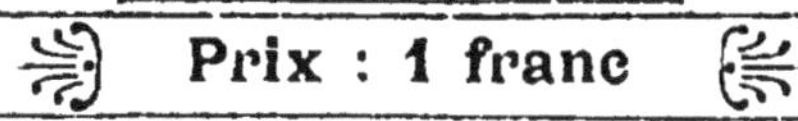

Prix : 1 franc

H. DARAGON
Éditeur
96-98, rue Blanche, 96-98
PARIS (IX⁰)

INTRODUCTION

L'astrologie n'est autre chose que la science qui
indique les influences bonnes ou mauvaises qui déter-
minent dans l'être humain son type physique, son
caractère moral, son tempérament, ses aptitudes intellectuelles, sa destinée, sa fortune, sa profession,... bref,
tout ce qui constitue sa vie et marque son passage dans
la société.

Cette science s'appuie sur des principes aussi sûrs
aussi certains, que les mathématiques; et si parfois ses
conclusions semblent hasardeuses et téméraires, il ne
faut jamais en accuser la science elle-même, pas plus
qu'il ne faut s'en prendre à l'arithmétique, quand on
constate dans un problème une erreur d'addition.

Il en est de cette science comme du jeu des échecs;
un quart d'heure suffit pour apprendre la marche des
pièces; mais il faut des années pour se familiariser avec
les combinaisons multiples de l'échiquier.

L'astrologie, elle aussi, s'apprend très-vite dans ses
principes essentiels ; c'est une langue qui a un alphabet
très-simple; mais pour bien lire et pour bien parler cette
langue, il faut des études sérieuses et un patient labeur.

Le livre que nous proposons aujourd'hui est une clé

d'un maniement facile, avec laquelle on peut ouvrir toutes les portes des cieux. Nous allons indiquer, d'une manière aussi précise que complète, dans une langue accessible à tous, avec une impeccable rigueur de méthode scientifique, comment on se sert de cette clé merveilleuse. Nous nous estimerons trop heureux si nous pouvons gagner quelques adeptes à cette science astrologique, qui a eu le malheur — et qui l'a encore — d'être exploitée cyniquement par des charlatans sans scrupule qui étalent leurs annonces menteuses à la 6ᵐᵉ page des journaux. Qu'on sache bien une fois pour toutes, que tous ces astrologues à 2 fr. l'horoscope, n'ont rien de commun avec l'astrologie. Leur industrie relève uniquement du juge d'instruction et de la police correctionnelle. Si vous voulez en faire l'expérience, allez donc leur demander ce que c'est que l'écliptique, l'équateur, la longitude et la latitude; je vous assure que vous les embarrasserez beaucoup.

Ce petit livre répond à un besoin réel. Il n'en existe aucun en France, de ce genre, qui vous donne sous un petit volume, et dans un prix aussi abordable, la quintessence même de la science astrologique. Nous l'avons divisé en trois parties qui répondent admirablement aux trois étapes progressives de cette étude :

Les éléments de l'horoscope.
L'érection de l'horoscope.
La lecture de l'horoscope.

A. DE T.

PREMIÈRE PARTIE

LES ÉLÉMENTS DE L'HOROSCOPE

CHAPITRE I

Les caractères du langage astrologique

§ I. — *Les planètes*

Elles sont au nombre de *neuf*; car le *Soleil* et la *Lune* sont considérés comme des planètes en astrologie.

♆	Neptune.	☉	Le Soleil.
♅	Uranus.	♀	Vénus.
♄	Saturne.	☿	Mercure.
♃	Jupiter.	☽	La Lune.
♂	Mars.		

§ II. — *Les signes du zodiaque*

♈	Le Bélier.	♎	La Balance.
♉	Le Taureau.	♏	Le Scorpion.
♊	Les Gémeaux.	♐	Le Sagittaire.
♋	Le Cancer ou l'Écrevisse.	♑	Le Capricorne.
♌	Le Lion.	♒	Le Verseau.
♍	La Vierge.	♓	Les Poissons.

§ III. — *Les aspects*

I. — Aspects majeurs de premier ordre.

♂	La Conjonction.	△	Le Trigone.
✷	Le Sextile.	☍	L'opposition.
◻	Le Carré.		

II. — Aspects de second ordre.

V	Semi-sextile.	⊡	Sesqui-carré.
<	Semi-carré.	⋎	Quincunx.

III. — Aspects mineurs.

Vigintile.	Trédécile.
Quintile.	Biquintile.
Décile.	

Voici l'alphabet complet du langage astrologique....,
il n'y a pas autre chose.

C'est sur ces quelques signes que repose toute la science
du langage des cieux. C'est par eux, par leurs multiples
combinaisons, qu'ils nous parleront : *Cœli enarrant !*

Il faut absolument que le lecteur se familiarise avec
eux, car désormais, dans le cours de ce traité, nous
représenterons par leur image graphique, toutes les planètes, tous les signes, tous les aspects.

Et maintenant, nous allons passer à l'étude détaillée
de ce langage.

CHAPITRE II

Les planètes

Dans ce chapitre, nous étudierons d'abord chaque planète, puis leurs dignités et leurs faiblesses.

§ I. — *Etude particulière de chaque planète*

♆

Planète, encore peu connue, parce qu'elle fut découverte seulement en 1846. Elle semble agir beaucoup plus sur les sentiments, sur le côté émotionnel de l'homme que sur son esprit et son intelligence.

Est-elle bénéfique ou maléfique? Les avis sont très partagés à ce sujet; mais il semble bien que ses mauvais rayons produisent toujours des troubles profonds (1).

♅

C'est une planète qui agit beaucoup sur l'intelligence, sur le cerveau, sur le fluide nerveux et sur l'énergie vitale.

(1) Nous verrons, au chap. IV de cette première partie, quels sont les bons et les mauvais rayons. — Rayons et aspects sont tous deux mots synonymes en astrologie.

Elle fait les antiquaires, les inventeurs, et en général tous ceux qui dirigent leur intelligence dans des voies peu fréquentées ; elle gouverne les astrologues, les chiromanciens, les occultistes et tous ceux qui s'occupent d'études psychiques.

La caractéristique de son influence c'est la soudaineté avec laquelle elle agit, soit en bien, soit en mal. Elle a toute l'énergie impulsive de ♂, toute la froideur raisonnée de ♄, et toute l'activité intellectuelle de ☿.

Ses bons aspects ne sont pas sans danger ; ses mauvais aspects sont toujours maléfiques.

<h2 style="text-align:center">♄</h2>

Planète essentiellement maléfique. Les astrologues l'ont appelée *la Grande Infortune*, par opposition à ♂, qui est *la Petite Infortune*.

Elle est froide, sèche, masculine ; elle gouverne les dents, l'oreille droite, les genoux, les articulations ; elle amène le spleen ; elle affaiblit la vitalité et s'attaque aux parties du corps gouvernées par le signe où elle se montre. Elle produit la congestion, l'arthritisme, la pierre, la gravelle et la tuberculose.

Elle régit toutes les professions qui ont rapport à la terre, telles que les ouvriers des mines, les potiers, les jardiniers, les briquetiers.

Elle personnifie les vieillards, les aïeux, les grands-pères, et aussi les sectaires de toutes religions, les moines austères, les anachorètes.

Le Saturnien est d'une taille moyenne, d'un teint pâle; il a les cheveux bruns, les épaules larges, la démarche lourde. — Comme caractère, il est sérieux, réservé, sobre, prudent; il s'avance dans la vie avec circonspection, mais avec obstination. Il n'est pas toujours facile à vivre.

♃

Planète essentiellement bénéfique. Ses bons rayons apportent toujours le bien, et même les mauvais sont rarement dangereux. Aussi l'appelle-t-on la *Grande Fortune*, par opposition à ♀ qui porte le nom de *Petite Fortune*.

C'est une planète masculine, chaude, féconde, qui répand sur la terre et les humains les bienfaits et les bénédictions.

Elle donne à l'âme l'esprit de justice, de droiture, de modestie, de sobriété, de tempérance, de religion; des qualités d'honneur, d'affabilité, de charité et de sagesse. Elle donne au corps une haute taille bien prise, un front élevé, un joli teint, des cheveux châtains. C'est la planète qui fait les juges et les docteurs, les hommes d'État et les hommes d'Église.

Pour peu qu'elle reçoive de mauvais rayons, elle peut déterminer les maladies du foie, les palpitations du cœur, les corruptions du sang; elle agit, elle aussi, sur les parties du corps gouvernées par le signe où elle se trouve.

♂

Planète maléfique, masculine, chaude et sèche, qui déchaîne sur notre terre les querelles et les disputes. Quand elle est bien disposée, c'est-à-dire quand elle bien située et bien aspectée, elle donne le courage, l'énergie, la vaillance, la hardiesse, l'intrépidité; mais quand elle est mal disposée, elle transforme toutes ces qualités en autant de terribles défauts.

Etant donnée sa nature, on comprend qu'elle personnifie les soldats, les hommes d'épée et les gens de guerre, comme aussi toutes les professions qui ont rapport avec l'usage ou l'industrie du fer.

Les Martiens sont d'une taille moyenne, d'un corps bien musclé, d'un tempérament sanguin. Ils sont souvent roux avec un nez aquilin.

Cette planète produit des inflammations, des accidents, des coups, des blessures; elle détermine parfois l'éréthisme et l'hystérie.

☉

C'est une planète masculine, naturellement chaude et sèche, et qui vaut un bénéfique, quand elle est heureusement dignifiée.

Elle a une influence énorme sur la force vitale dont elle est la grande productrice; elle commande aux rois et aux princes, à tous les dignitaires comme à tous les chefs de tout rang et de tout ordre.

Elle apporte à l'individu de l'orgueil, de l'autorité,

et lui garantit le succès dans la vie, si elle se lève à l'orient, à l'heure de la naissance, ou si elle se montre au milieu du ciel. Elle lui donne une haute taille, une belle chevelure blonde, des grands yeux, un port plein de noblesse et de dignité.

Elle régit dans l'homme toutes les affections du cœur, ajoutées à celles du signe où elle se trouve.

♀

Planète féminine, modérément chaude, qui répand sur la terre toute la grâce des sourires, et tout le charmes des qualités aimables.

Elle commande à l'art, à la poésie, à l'idéal, à la beauté, à tout ce qui embellit, à tout ce qui charme la vie.

Elle crée dans l'être humain la séduction du regard, la pureté des lignes, l'harmonie des formes, la douceur des manières, toutes les qualités tendres et affectives. Mais naturellement, tout ceci dégénère en mal, quand ♀ est en mauvaise place dans l'horoscope.

On comprend assez pourquoi elle commande aux organes de la génération, aux fonctions de ces organes, comme aux maladies qui les affectent.

☿

Voici une planète qui n'est ni masculine, ni féminine ; elle est neutre. Elle n'est ni bénéfique, ni maléfique ; elle est indifférente. Cire molle qui reçoit toutes les empreintes, qui subit toutes les influences, elle s'assimile sans effort la nature des planètes qui l'affectent et des signes au milieu desquels elle apparaît.

Elle commande à l'esprit, lui donne la vivacité, la promptitude, la finesse, la subtilité, le désir d'apprendre, l'éloquence, la curiosité qui explore tous les domaines de la science.

Mal dignifiée, elle fait les menteurs, les exploiteurs, les parjures, les fanfarons, les calomniateurs, enfin tous ceux qui font de la noble faculté de la parole le plus détestable usage.

Les orateurs, les hommes de lettres, les médecins, les artistes, les savants relèvent plus ou moins de Mercure. C'est pourquoi cette planète affecte toutes les maladies du cerveau ou du langage, ainsi que tous les désordres nerveux.

Les Mercuriens ont généralement le front élevé, le nez allongé, la barbe peu fournie, mais la chevelure très abondante; ils font partie de la classe des gens actifs, remuants et affairés.

$$\mathbb{D}$$

La ☽ est une planète féminine qui accomplit sa révolution en 27 jours et 8 heures environ. Dans cette marche rapide à travers les cieux, elle forme une infinité d'aspects, qui influent d'autant sur les événements humains, et qui règlent avec une précision d'horloge toutes les manifestations bonnes ou mauvaises de l'existence.

Si l'on compare le ☉ à la grande aiguille d'une

montre, la ☽ serait incontestablement la petite aiguille, celle qui distribue la vie comme les jours en fragments précis.

Elle donne un caractère doux, aimable, rêveur, romantique, paisible, quelquefois timoré et craintif.

Si elle exagère ce caractère par suite de ses mauvais aspects, alors elle fait les paresseux, les vagabonds, les ivrognes, les mécontents.

Le lunaire est généralement un type assez joli, au teint pâle, à la figure ronde, aux yeux gris, d'une taille bien prise, mais pas très élevée.

La ☽ influe sur les maladies qui sont gouvernées par les signes et les maisons où elle se trouve ou par ceux dont les seigneurs lui lancent de mauvais aspects.

§ II. — *Dignités et faiblesse des planètes.*

Il y a deux sortes de dignités et de faiblesses : les dignités et les faiblesses essentielles, les dignités et les faiblesses accidentelles.

Une planète est puissante quand elle est dans ses dignités, quand elle reçoit de bons aspects ; et alors elle fait rarement du mal au sujet, même si elle est maléfique de sa nature.

Une planète est faible, quand elle est dans les lieux de ses faiblesses, et quand elle est frappée par de mauvais rayons ; alors elle est toujours malfaisante, même si elle est d'essence bénéfique ; et l'on connaît les maux qu'elle doit causer par la nature de la maison qu'elle occupe.

Une planète est dans ses dignités essentielles, quand elle est dans sa maison, dans son exaltation ou dans sa joie.

A. — Dignités essentielles des planètes.

1. Les Maisons.

♐ et ♒ sont les maisons de ♄.

♈ et ♏ — — ♂.

♉ et ♎ — — ♀.

♊ et ♍ — — ☿.

♐ et ♓ — — ♃.

♋ est la maison de ☽.

♌ — — ☉.

♒ — — ♅.

♓ — — ♆.

2. Les exaltations avec leurs degrés approximatifs.

♄ est exalté dans ♎ au 21ᵉ degré.

♆ — — ♌ — 9ᵉ —

♅ — — ♏ — 24ᵉ —

♃ — — ♋ — 15ᵉ —

♂ — — ♑ — 28ᵉ —

☉ — — ♈ — 19ᵉ —

♀ — — ♓ — 27ᵉ —

☿ — — ♍ — 25ᵉ —

☽ — — ♉ — 3ᵉ —

3. — *Les joies des planètes*

♄ est en joie dans ♎, ♒.

♅ — — ♓.

♇ — — ♎, ♏

♃ — — ♋, ♓, ♎, ♒, ♐.

♂ — — ♏, ♈, ♌, ♐.

☉ — — ♈, ♌, ♐.

♀ — — ♋, ♓.

☿ — — ♊, ♍, ♎, ♒.

☽ — — ♋.

On dit que les planètes sont en joie dans ces signes, parce que ces signes sont de même nature qu'elles-mêmes (1).

B. — Dignités accidentelles des planètes

1. — La position d'une planète en maison angulaire, c'est-à-dire en I, X, VII et IVe maisons.

2. — La position culminante d'une planète, c'est-à-dire rapprochée de la cuspide de la X.

3. — Il y a des maisons où certaines planètes ont plus de force qu'en d'autres. Tel est le cas de

(1) Il existe d'autres dignités de *triplicité*, de *terme* et de *face*; mais je ne crois pas qu'il faille en tenir compte dans dans les horoscopes de nativité.

☉, ☽, ♃ et ♂ en X.
♄ et ☿ en I.
☽ et ☿ en III.
♀ en VII.
♄ en IX.

O. — Faiblesses essentielles des planètes

1. — Quand une planète se trouve dans un signe opposé à son exaltation, elle est en chute. C'est ainsi que

♄ est en chute dans ♈.
♅ — — ♒.
♅ — — ♉.
♃ — — ♑.
♂ — — ♋.
☉ — — ♎.
♀ — — ♍.
☿ — — ♓.
☽ — — ♏.

2. — Quant une planète se trouve dans un signe opposé à celui de sa ou de ses maisons, on dit qu'elle est en exil ou dans son détriment. C'est ainsi que

♄ est en exil dans ♌, ♋.
♅ — — ♍.
♅ — — ♌.
♃ — — ♊, ♍.

♂ est en exil dans ♉, ♎.
☉ — — ♒.
♅ — — ♉, ♏.
☿ — — ♐, ♓.
☽ — — ♑.

Quand une planète est ainsi dans sa chute ou dans son exil, elle est vraiment faible et infortunée.

D. — Faiblesses accidentelles des planètes

1. — La marche rétrograde d'une planète qui s'indique par la lettre R.

2. — La position en VI ou XII.

3. — Le manque d'aspect.

4. — La pérégrination, c'est-à-dire l'absence de toute dignité.

CHAPITRE III

Le zodiaque

Le zodiaque est un cercle imaginaire qui passe autour de la terre, en suivant le plan de l'écliptique, c'est-à-dire le chemin apparent du ☉ dans les cieux. Ce cercle, comme tous les cercles, comprend 360 degrés, chaque degré se divise en 60 minutes, et chaque minute se subdivise en 60 secondes.

Le zodiaque comprend 12 signes que nous avons énumérés au § II du chap. I, et que nous allons étudier en détail. Ces 12 signes commandent aux 12 maisons de l'horoscope, dont nous exposerons aussi très nettement la signification. — Enfin, les 9 planètes que nous venons de décrire, se placent selon l'heure et le jour, dans tel ou tel de ces signes, dans telle ou telle de ces maisons.

Toute la science de l'astrologie consiste à se rendre compte des multiples combinaisons que forment ces signes, ces maisons et ces planètes, et des relations multiples qu'ils ont les uns avec les autres.

ARTICLE I

Les signes du zodiaque

§ I. — *Notions générales*

Les signes du zodiaque sont partagés en :

1. Signes *masculins :* ♈, ♊, ♌, ♎, ♐, ♒.
   — *féminins :* ♉, ♋, ♍, ♏, ♐, ♓.
2. Signes de *feu :* ♈, ♌, ♐.
   — *air :* ♊, ♎, ♒.
   — *terre :* ♉, ♍, ♑.
   — *eau :* ♋, ♏, ♓.
3. Signes *cardinaux :* ♈, ♋, ♎, ♑.
   — *fixes :* ♉, ♌, ♏, ♒.
   — *communs :* ♊, ♍, ♐, ♓.
4. Signes *féconds :* ♋, ♏, ♓.
   — *stériles :* ♊, ♌, ♍.
5. Signes de *vitalité :* ♊, ♌, ♍, ♎, ♏, ♐, ♒.
   — *constitution faible :* ♋, ♑, ♓.
6. Signes *bicorporés :* ♓, ♊ et la 1ʳᵉ partie du ♐.
7. Signes *d'étude et de science :* ♊, ♍, ♎, ♒.

Les aspects qui sont formés dans les signes cardinaux sont les plus forts, et ceux qui sont formés dans les signes communs sont les plus faibles.

Les signes de *feu* donnent un tempérament sec et bilieux ; ils augmentent l'énergie physique et développent l'ambition et l'esprit d'initiative.

Les signes *d'air* donnent un tempérament chaud et sanguin ; ils fortifient beaucoup l'intelligence et les facultés de l'esprit.

Les signes de *terre* donnent un tempérament froid et nerveux ; ils rendent prudent, méthodique et ordonné.

Les signes *d'eau* donnent un tempérament phlegmatique ; ils accordent l'impressionnabilité, la faculté de sentir vivement et une imagination brillante; ils dénotent la mobilité et l'inconstance.

Les signes *cardinaux* ou *mobiles*, indiquent le changement, l'inquiétude agitée de l'esprit et l'amour de l'indépendance.

Les signes *fixes* donnent la persévérance, là fidélité, l'horreur du changement et la puissance à la volonté.

Les signes *communs* mélangent en des proportions variables les effets des signes cardinaux et des signes fixes.

La signification et l'influence précise des autres divisions se tirent facilement de leur dénomination.

Ces 12 signes occupent chacun 3o degrés de longitude dans le zodiaque, et leur ensemble en constitue les 36o degrés.

Dans l'examen d'une figure céleste, il faut toujours avoir présentes à l'esprit ces divisions qui sont de la plus grande importance.

§ II. — *Notions particulières.*
Étude de chaque signe

♈

Le premier signe du zodiaque.

Signe cardinal, masculin, de feu, il est le domicile de ♂, l'exaltation du ☉, le détriment de ♀, et la chute de de ♄.

Lorsqu'il est à l'ascendant, c'est-à-dire lorqu'il occupe

la pointe de la I, il donne un caractère ouvert, franc, généreux, plus ou moins impulsif et violent, volontaire, indépendant, et ne gardant pas facilement une juste mesure dans les actions et les paroles.

La personne est de taille moyenne, maigre généralement, avec des cheveux bruns, un teint basané et une vue très perçante.

Il gouverne la tête, la figure et toutes les maladies qui s'y rattachent, migraines, maux de dents, marques de petite vérole, calvitie, etc.

Il influence plus particulièrement l'Angleterre, l'Allemagne, le Danemark, la Palestine, la Syrie; les villes de Naples, Florence, Vérone, Padoue, Marseille. Saragosse et Bergame.

Sa couleur est le rouge; son jour le mardi; sa gemme préférée, l'améthyste.

♉

Le second signe du zodiaque .

Signe fixe, féminin, de terre, il est la maison de ♀, l'exaltation de ☽, et le détriment de ♂.

Placé à l'ascendant, il donne un caractère obstiné, plein de réserve, lent à s'émouvoir, mais poussant ensuite la colère à son paroxysme, dogmatique, déterminé, résolu et persévérant.

L'individu est petit, mais fort et bien pris ; il a un front haut, une grande bouche, des lèvres épaisses, des yeux gris et de grosses mains.

Il gouverne le cou et la gorge, les rhumes, les esquinancies.

Il influence l'Irlande, la Perse, l'Asie-Mineure, le Sud de la Russie; — les villes de Dublin, Mantoue, Leipzig, Parme, Sens et Nantes.

Sa couleur est le vert; son jour, le vendredi; sa gemme, l'agate.

☿

Le troisième signe du zodiaque.

Signe commun, bicorporé, masculin, stérile, d'air, d'études et de vitalité, il est la maison de ☿, et le détriment de ♃.

Placé à l'ascendant, il donne de réelles dispositions pour tous les travaux de l'intelligence, beaucoup d'imagination et un vif désir d'apprendre. Le caractère est un peu inconstant, mais au fond bon et généreux.

La personne a la taille plutôt grande, un teint coloré, des bras longs, un corps bien robuste, et une vue excellente.

Il gouverne les épaules, les bras, et les maladies nerveuses.

Il influence l'Amérique du Nord, la Lombardie, la Sardaigne, la Belgique; — parmi les villes, celles de Londres, de Versailles, de Mayence, de Bruges, de Louvain, de Cordoue, de New-York et de Nüremberg.

Sa couleur est le gris; son jour le Mercredi, et sa gemme, le béryl.

♋

Le quatrième signe du zodiaque.

Signe féminin, cardinal, fécond, d'eau, de constitution faible, il est la maison de ☽, l'exaltation de ♃, le détriment de ♄, la chute de ♂, et la joie de ♀.

Placé à l'ascendant, il reproduit l'allure rétrograde de la marche d'écrevisse ; il donne au caractère l'esprit de contradiction, l'esprit qui recule quand on avance, qui aime les paradoxes, qui se plaît au milieu des caprices, souvent contradictoires de la pensée, qui est très impressionnable, très vif dans ses attachements parfois romanesques.

Généralement la taille est petite, le teint est pâle et maladif, les yeux sont petits ; et s'il s'agit d'une femme, on peut lui présager une nombreuse postérité.

Il gouverne la poitrine et l'estomac, les digestions, les humeurs froides, et naturellement les *cancers* de poitrine et d'estomac.

Il influence la Hollande, l'Ecosse, l'Afrique ; les villes de Constantinople, de Tunis, d'Alger, de Venise, d'Amsterdam et de Milan.

Sa couleur est le bleu ; son jour le lundi, et sa gemme, l'émeraude.

♌

Le cinquième signe du zodiaque.

Signe fixe, masculin, stérile, de feu, de grande vitalité, il est la maison et la joie du ☉, l'exil de ♄ et ♅, l'exaltation de ♆.

Placé à l'ascendant, il donne un caractère dominateur, puissant, déterminé, mais en même temps sympathique et attirant, du moins chez ceux que l'éducation a affinés. Le personnage est fier et ambitieux, aime les honneurs, les distinctions, l'autorité, le commandement.

La taille est plutôt grande, les épaules larges, les cheveux blonds ou châtain clair ; l'allure générale est hautaine et décidée.

Il gouverne le dos et le cœur, les pleurésies, les palpitations, les fièvres violentes et la peste.

Il influence la France et l'Italie ; — les villes de Rome, de Crémone, de Prague et de Philadelphie.

Sa couleur est le jaune ; son jour le Dimanche, et sa gemme le rubis.

♍

Le sixième signe du zodiaque.

Signe féminin, commun, stérile, de terre, de science et de vitalité, il est la maison, l'exaltation et la joie de ☿, l'exil de ♃ et de ♅, et la chute de ♀.

Placé à l'ascendant, il donne à peu près les mêmes qualités mentales que les ♒, un cerveau bien organisé, une âme tranquille et satisfaite, pleine de tact, de prudence, de réserve et d'ingéniosité ; le caractère est quelquefois indécis et vacillant.

La taille est moyenne, mais bien proportionnée ; le visage est gracieux et sympathique, le teint est coloré, le visage est ovale, et les cheveux sont généralement bruns, excepté dans les premiers degrés du signe où ils sont plutôt châtains.

Ce signe gouverne le ventre, les intestins et toutes les maladies qui peuvent affliger ces parties corporelles.

Il influence la Turquie d'Europe, l'Asie, l'Inde, la Suisse; — les villes de Paris, Lyon, Toulouse, Saint-Étienne, Jérusalem et Liverpool.

Sa couleur est le gris, son jour le mercredi; sa gemme, le jaspe.

♎

Le septième signe du zodiaque.

Signe masculin, cardinal, signe d'air, de science et de vitalité, il est la maison de ♀, l'exil de ♂, la joie de ☿, l'exaltation de ♄, et la chute de ☉.

A l'ascendant, il donne l'esprit de justice, de répartition équitable, des tendances artistiques, le goût du plaisir, mais sans excès, ni grands mouvements passionnels.

La taille est moyenne et bien prise, le visage est agréable, le teint est coloré, les cheveux blonds et doux, les yeux ordinairement bleus.

Ce signe gouverne les reins, la pierre, la gravelle et les maladies de la vessie.

Il influence la Chine, le Japon, l'Autriche, l'Égypte; — les villes de Lisbonne, Vienne, Anvers, Francfort et Fribourg.

Sa couleur est le vert, son jour le vendredi, et sa gemme, le diamant.

♏.

Le huitième signe du zodiaque.

Signe féminin, fixe, fécond, mystique, signe d'eau et de grande vitalité; — il est la maison de ♂, l'exil de ♀, l'exaltation de ♅, et la chute de ☽.

A l'ascendant il donne un tempérament très-amoureux, facile à se porter aux excès; le caractère est tenace, habile, énergique, courageux, vindicatif parfois et difficile à influencer. Il fait les hommes d'affaires habiles, sachant se créer une position et gagner de l'argent.

La taille est moyenne; les cheveux ont des tendances à friser et à onduler; le nez est aquilin; l'ensemble donne plutôt une impression de vigueur et de force.

Il gouverne les parties sexuelles, l'anus, les maladies de la matrice, le priapisme, les fistules, etc.

Il influence le Maroc, la Norwège, la Bavière, l'Algérie; — les villes de Valence et de Messine.

Sa couleur est le rouge, son jour le mardi; sa gemme, la topaze.

♐

Le neuvième signe du zodiaque.

Signe masculin, commun, signe de feu et de vitalité, il est la maison de ♃, l'exil de ☿, et la joie de ♂.

Placé à l'ascendant, il développe les goûts sportifs et l'amour des voyages; il donne une âme généreuse, impulsive, entreprenante, confiante et juste.

La taille est grande et bien prise, les cheveux sont châtains, le visage est ovale, les yeux sont bleus ou couleur noisette.

Il gouverne les fesses et les cuisses; il préside aux chutes de cheval, aux blessures occasionnées par les grands animaux, aux dangers d'incendie.

Il influence l'Arabie Heureuse, l'Espagne, la Hongrie, la Dalmatie; — les villes de Cologne, d'Avignon, de Narbonne et de Tolède.

Sa couleur est le bleu, son jour le jeudi; sa gemme, le grenat.

♄

Le dixième signe du zodiaque.

Signe féminin, cardinal, signe de terre et de constitution faible, il est la maison et la joie de ♄, l'exil de ☽, l'exaltation de ♂, et la chute de ♃.

A l'ascendant, il fait l'individu persévérant, ambitieux, patient, très volontaire, sous un extérieur tranquille et discret; il lui donne une certaine habileté d'organisation, de la fermeté et du savoir faire, de l'égoïsme et une nuance de mélancolie.

La taille est plutôt petite, le nez est long et proéminent, le cou grêle, les cheveux sont bruns et peu fournis; le visage est maigre et la poitrine étroite.

Il gouverne les genoux et toutes les maladies qui peuvent les affecter, les fractures et les douleurs; on lui attribue aussi une action réelle sur les maladies de peau.

Il influence la Grèce, la Perse, la Lithuanie, la Saxe, la Bulgarie, le Mexique; — les villes de Hesse, d'Oxford et de Bruxelles.

Sa couleur est le noir, son jour le samedi, et sa gemme, l'onyx.

♒

Le onzième signe du zodiaque.

Signe masculin, fixe, signe d'eau, de science et de bonne constitution, il est la maison de ♄ et de ♅, l'exil du ☉, la joie de ☿, et la chute de ♂.

A l'ascendant, il donne la discrétion, la fidélité, l'amabilité, l'amour de la musique, des beaux-arts et des belles-lettres, une nature réfléchie, méditative, portée à étudier les mystères de la vie et les secrets de l'au-delà.

L'aspect physique est fort et bien proportionné; la santé est bonne, les cheveux sont d'une nuance qui peut aller du blond clair au brun foncé; le visage est allongé, les yeux sont noirs.

Il gouverne les mollets et les chevilles, les crampes, les maladies spasmodiques.

Il influence la Russie, la Prusse, la Suède, la Westphalie, le Piémont; — les villes de Brême et de Hambourg.

Sa couleur, comme pour le ♑, est le noir, son jour également le samedi, et sa gemme le saphir.

♓

Le douzième signe du zodiaque.

Signe féminin, fécond, bicorporé, signe d'eau et de constitution faible, il est la maison de ♃ et de ♆, l'exil et la chute de ☿, l'exaltation de ♀, la joie de ♃ et de ☽.

A l'ascendant, il rend le caractère insouciant, indifférent, paisible, pusillanime, malléable, indolent, changeant, mais affectueux et doux.

La taille est petite et peu harmonieuse habituellement.

Le teint est pâle, les yeux sans expression, comme des yeux de *poissons;* la chevelure est brune et bien fournie·

Il gouverne les pieds et les orteils, les rhumatismes dans ces parties du corps, les mucosités et les ulcères.

Il influence le Portugal, la Calabre, la Normandie; — les villes d'Alexandrie, de Ratisbonne, de Séville et de Compostelle.

Sa couleur est le bleu, son jour le jeudi; sa gemme, le corail.

****

Quand l'un de ces signes occupe la pointe de la I, il a une influence énorme sur le sujet, ainsi que la planète, qui est son seigneur. Il faut alors étudier sérieusement leur signification à tous deux, car ils fournissent les indications les plus précises, indications qu'il faut toujours naturellement harmoniser avec l'ensemble de l'horoscope.

ARTICLE II.

Les Maisons.

§ I. — *Notions générales.*

On appelle maisons de l'horoscope, les douze divisions du cercle zodiacal. Chacune de ces maisons possède une signification précise que nous allons étudier en détail.

On les divise en :

1. Maisons *angulaires* ou *cardinales* qui sont les I X, VII et IV. Ce sont les plus importantes de la figure astrologique, et je les ai citées dans leur ordre d'influence.

2. Maisons *succédentes*, qui sont les II, V, VIII et XI. — Elles viennent comme importance, immédiatement après les maisons cardinales.

3. Maisons *cadentes*, qui sont les III, VI, IX et XII. — Ce sont les moins importantes de toutes. Je fera cependant exception pour la maison IX qui, à mon avis, à cause de sa proximité du méridien, prend une importance très sérieuse. Voici d'ailleurs la figure des maisons.

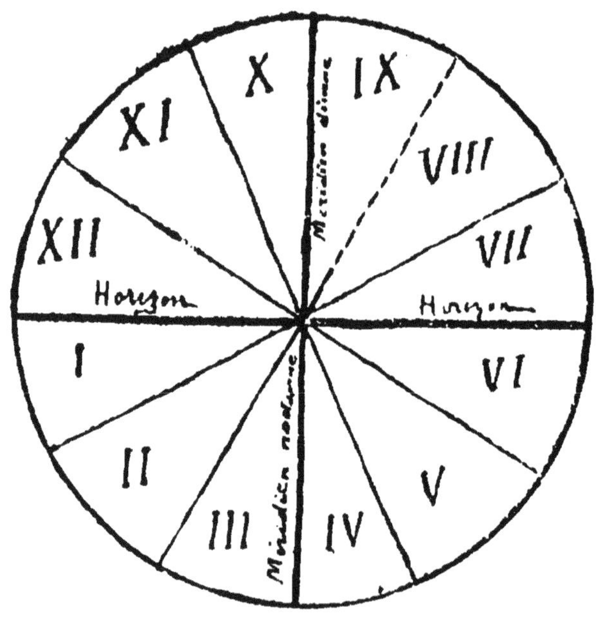

Figure 1.

L'orient commence à la I, et l'occident est sur la pointe de la VII.

Les maisons comprises entre la IV et la IX du côté de l'orient sont appelées orientales ou ascendantes. — Les maisons comprises entre la III et la X du côté dé l'occident sont appelées occidentales ou descendantes.

La ligne qui va de l'orient à l'occident est la ligne de l'horizon.

Dans l'horoscope, on dit que les luminaires sont à l'orient, quand ils sont en X, XI, XII, IV, V, VI ; — et à l'occident quand ils sont dans les autres maisons. C'est une particularité des luminaires.

La première maison s'appelle ascendante.

Quand nous étudierons dans la IIme partie de ce traité la construction de la figure astrologique, nous verrons qu'un signe zodiacal vient se placer sur la pointe de chacune de ces 12 maisons, affectant cette maison et toute sa signification, conformément à sa nature propre.

Les 12 maisons du zodiaque sont des choses tout à fait distinctes des 12 signes. Ces maisons sont invariables comme position et comme signification. La maison I, comme la maison X, sont toujours à la même place et offrent toujours le même symbolisme ; tandis que les signes peuvent se trouver sur la pointe de telle ou telle maison, selon le moment de la naissance.

Il y a cependant une analogie réelle entre le caractère de la I, et le caractère du 1er signe, le ♈,.... et ainsi pour les autres maisons et les autres signes. Aussi, lorsqu'un sujet possède à l'ascendant le 5me, le 4me, ou le 9me signe, par exemple, on peut être sûr que les choses indiquées par la V, la IV, ou la IX, joueront un grand rôle dans sa vie.

Ceci dit, nous passons à l'étude de chaque maison en particulier.

§ II. — *Notions particulières*
Etude de chaque maison

La I

C'est la plus importante de toutes les maisons de la figure céleste ; on peut dire qu'elle décide de toute la vie, parce que c'est elle qui imprime à l'homme son caractère, et lui donne ces qualités et ces défauts physiques ou moraux, qui seront les conditions de ses succès ou de ses infortunes dans l'existence.

On l'appelle Ascendant, avons-nous dit ; c'est la maison du sujet lui-même.

La planète ♄ est bien placée dans cette maison quand elle ne s'y trouve pas dans un signe contraire à sa nature, et qu'elle y reçoit les bons aspects de ♃, de ♀ ou du ☉.

☿ également se trouve bien dans cette maison.

C'est une maison angulaire et masculine.

La II

C'est de cette maison que l'on déduit des jugements touchant la fortune ou les richesses probables. C'est une maison féminine et succédente, que nous étudierons

tout particulièrement dans la III* Partie, Chap. IV,
Art. III.

La III

A la III, doivent se rapporter : 1° Toutes les affaires
intellectuelles, écrits, lettres, messages, livres, études,
les qualités mentales du sujet. — 2° Tout ce qui a rapport à des changements, à des modifications, tels que
les déménagements, les courts voyages, les déplacements.
— 3° Tout ce qui intéresse les frères et les sœurs, les
cousins et les voisins du sujet.

♂ se plaît dans cette maison, à moins qu'il ne s'y
trouve en même temps que ♄. — La ☽ aussi y est bien
placée ; et si elle s'y trouve en signe mobile, elle indique
de nombreux voyages.

C'est une maison masculine et cadente.

La IV

Elle signifie généralement :

1° La fin de la vie, considérée au point de vue de la
situation financière, matérielle et sociale.

2° Le père en horoscope masculin ; — car pour un
horoscope féminin, c'est la mère qu'elle désigne.

3° Les propriétés immobilières du sujet, ses maisons,
ses champs, ses terres, ses conditions d'existence.

Cette maison forme ce qu'on appelle le *Bas du Ciel*,
Imum Cœli, ou *I. C.* ; — elle est angulaire et féminine.

Si le ☉ ou ♀ s'y trouvent, en bon aspect avec le Seigneur de l'Ascendant, ou celui de la II, c'est un heureux présage pour la fin de l'existence.

♄ et ♂ y indiquent des troubles et des ennuis pour la fin de la vie ; ♅ y présage, pour cette époque, de douloureuses espériences.

La V

Cette maison nous parle :

1° Des enfants.

2° Des spéculations et des jeux de hasard.

3° Des plaisirs, des voluptés, des amours et affaires de cœur du sujet.

Elle a une relation très intime avec la XI, qui lui est opposée, surtout au point de vue des enfants, parce que la XI se trouve être la V du conjoint. Ceci veut dire que la VII étant la maison du conjoint, la XI devient fatalement la V.

Cette maison est mauvaise pour les planètes malifiques, tandis que les bénéfiques apportent toujours de la réussite et du bonheur aux choses qu'elle signifie.

Elle est succédente et masculine.

La VI

Elle parle :

1° Du travail rémunérateur du sujet.

2° De ses serviteurs et de ses animaux domestiques.

3° De ses maladies, et en général de ses conditions corporelles.

A ce dernier point de vue surtout, elle fournit des

précieuses indications, quand on étudie bien le signe de cette maison, le seigneur de ce signe, et les différents aspects qu'il reçoit.

Au point de vue familial, elle signifie les oncles et les tantes, ou les sœurs et les frères du père.

C'est une maison cadente et féminine.

La VII

Cette maison signifie :

1° Les unions, le mariage et le conjoint.

2° Les associations et les procès.

3° Les ennemis déclarés ou publics.

4° Toutes affaires traitées avec des personnes étrangères.

C'est surtout au point de vue mariage qu'on la consulte ; mais ici il faut apporter une grande prudence, car les erreurs à ce sujet sont des plus faciles. Nous étudierons à part, à la fin de ce traité, tous les présages qui ont trait au mariage pour les horoscopes masculins et féminins.

Il faut tenir compte aussi, en cette matière, des indications fournies par la XI.

C'est une maison angulaire et masculine.

La VIII

Cette maison a une influence énorme sur la mort et sur toutes les questions qui s'y rattachent, par conséquent, les legs, les testaments, les héritages; elle parle aussi des professions qui ont un rapport quelconque avec la mort, telles que celles de bourreau, de médecin, de chirurgien, d'officier de santé, de boucher ; — les occultistes, les médiums, les spirites, ceux qui entrent en relation avec l'au-delà.

Elle renseigne aussi sur la richesse du conjoint, sur sa dot, puisque c'est sa II, par conséquent celle de sa fortune.

C'est une maison succédente et féminine.

La IX

Cette maison signifie :

1° Les choses religieuses et philosophiques ;

2° Les longs voyages par terre ou par mer ;

3° Les rêves, les visions, les prophéties, les plus hautes facultés de l'esprit.

Elle représente les hommes d'église, les évêques et les prêtres ; et si ♃ s'y trouve, il désigne habituellement une personne religieuse et croyante.

♀ y donne de nobles facultés artistiques, et annonce le succès pour tout ce qui intéresse cette maison.

Elle est masculine et cadente.

La X

Voici la maison la plus influente après celle de l'Ascendant. On l'appelle le Milieu du Ciel, — *Medium Cœli* — en abréviation *MC*.

Elle indique :

1° L'emploi ou la profession, la situation sociale, les

honneurs et les dignités, le point culminant de la vie.

2° La mère en horoscope masculin ; — et le père en horoscope féminin.

Elle représente les rois, les princes, les chefs de tout rang et de toute dynastie ; les royaumes, les empires et les principautés.

♃ et ☉ sont merveilleusement placés dans cette maison, surtout quand ils s'y trouvent tous les deux.

Les maléfiques y font beaucoup de mal, à moins qu'ils n'y soient en dignité et bien aspectés.

Elle est angulaire et féminine.

La XI

Elle représente :

1° Les amis, la sincérité et la fausseté de leur amitié.

2° Les désirs, les projets, les espérances, les aspirations.

♃ se plaît beaucoup dans cette maison, surtout s'il y est dans le ♋ ou les ♓.

Nous avons dit déjà qu'elle doit être consultée aussi pour les questions de mariage et de postérité parce qu'elle a une relation étroite avec la V et la VII.

Toute planète qui se trouve dans cette maison nous parle des amis et des relations du sujet, comme nous le verrons plus amplement à l'art. VII du chap. IV de la III⁻ᵉ Partie.

Elle est succédente et masculine.

La XII

Cette maison, la plus mauvaise de tout l'horoscope,

est considérée généralement comme la maison des ennemis secrets, des chagrins et des épreuves qui traversent la vie.

Les maléfiques, tels que ♅, ♄ et ♂, sont mal placés dans cette maison, puisqu'ils sont les auteurs de tous les maux qui fondent sur la terre. — Les bénéfiques eux-mêmes n'y apportent que des bonheurs étranges, et toujours mélangés d'afflictions douloureuses.

Elle est une mauvaise position pour ♀, si elle y apparaît dans ♏, ou ♐ ; — et pour ♃, s'il s'y montre dans la ♍.

C'est une maison cadente et féminine.

*_**

Le lecteur commence à entrevoir, je suppose, la richesse et l'abondance des renseignements que fournit l'astrologie à propos de toutes les questions de la vie. Une seule maison de l'horoscope peut devenir le sujet d'une longue étude, si l'on a bien compris la signification toujours invariable de cette maison, celle du signe qui la gouverne, les qualités particulières du seigneur de ce signe, les aspects qu'il reçoit, sa force ou sa faiblesse, à l'endroit où il se trouve, les rayons qui tombent des autres planètes sur cette maison elle-même, etc., etc.. C'est tout un monde qui s'ouvre à l'observateur et à l'étudiant sérieux.

Mais n'anticipons pas. — Nous ne sommes encore qu'à l'étude des éléments mêmes de l'horoscope. Il nous reste, pour la compléter, à traiter la question des aspects, avec la manière de les découvrir.

CHAPITRE IV

Les Aspects Planétaires

Nous avons dit déjà que le cercle était divisé en 360°.
— Or, un aspect n'est autre chose qu'un certain
nombre de degrés qui séparent une planète d'une autre
planète, ou une planète des pointes des maisons. Pour
ces derniers, on étudie surtout les aspects jetés sur les
pointes des maisons I et X, c'est-à-dire sur l'Ascendant
et le Milieu du Ciel.

Nous avons, au chapitre I, énuméré les aspects ; il
nous reste à en étudier :

1° La nature ;

2° La manière de les découvrir.

ARTICLE I

La Nature des Aspects

§ I. — *Aspects majeurs de premier ordre*

La *Conjonction*, — ainsi marquée : ☌, — quand deux
planètes se trouvent au même degré du cercle zodiacal.
Cet aspect est neutre par lui-même ; il est bon avec les

bénéfiques, mauvais avec les maléfiques, mixte quand un bénéfique et un maléfique sont en ☌.

Le *Sextile*, — ainsi marqué : ✳, — quand deux planètes se trouvent à 60° l'une de l'autre. Aspect bénéfique.

Le *Carré*, ainsi marqué : ▢, — quand les planètes sont à 90°. Aspect maléfique.

Le *Trigone*, — ainsi marqué : △, — quand planètes se trouvent à 120°. Aspect bénéfique.

L'*Opposition*, — ainsi marquée : ☍, — quand deux planètes se trouvent à 180°. Aspect maléfique.

§ II. — *Aspects majeurs de second ordre*

Le *Semi-sextile*, — ainsi marqué : V, — quand deux planètes se trouvent à 30°. Aspect bénéfique.

Le *Semi-carré*, — ainsi marqué : <, — quand deux planètes se trouvent à 45°. Aspect maléfique.

Le *Sesqui-carré*, — ainsi marqué : ⌊⌋, quand deux planètes sont à 135°. Aspect maléfique.

Le *Quincunx*, ainsi marqué : ⋎⋎, — quand deux planètes sont à 150°. Aspect maléfique.

§ III. — *Aspects mineurs peu usités*

Le *Vigintile*, formé par 18° d'intervalle. Bénéfique.
Le *Quintile*,   —   24°   —   —
Le *Décile*,   —   36°.   —   —
Le *Trédécile*,   —   108°   —   —
Le *Biquintile*,   —   144°   —   —

* *

Je conseille fort de s'en tenir, du moins pour les premières études, aux aspects énumérés sous les § I et II, et de laisser complètement de côté, ceux du § III. Ce sont d'ailleurs des aspects sans importance et qui ne peuvent que compliquer les difficultés.

ARTICLE II

Comment découvrir les aspects ?

En réalité, je ne connais qu'une seule méthode pratique pour cela, une seule, vraiment sûre, c'est..... de compter.

Partez d'abord de ce principe que les signes zodiacaux valent chacun 30°, et qu'ils montent à l'orient, dans l'ordre suivant : ♈, ♉, ♊... etc.

Si je vois le ☉ à 8° du ♈, et la ☽ à 8° des ♊, je dirai : Entre 8° de ♈, et 8° de ♊, il y a 60°; donc le ☉ et la ☽ sont en ✳.

Si je vois ♃ à 12° du ♉, et ☿ à 12° du ♌, je dirai : Il y aura 90° entre ces deux planètes ; donc elles sont en □.

Si je vois ☿ à 22° du ♒, et ♂ à 7° du ♋, je verrai de suite qu'il y a 135° entre ces deux planètes et qu'elles sont par conséquent en ⊡.

Qu'on veuille bien ne recourir ni aux astrolabes

mobiles, ni aux tables compliquées dressées pour aider les commençants. Dessinez vous-même un cercle assez grand ; divisez-le en 12 maisons, comme j'ai fait pour la figure 1 ci-dessus. Inscrivez sur les pointes des maisons les 12 signes du zodiaque, en mettant le ♈ sur la pointe de l'Ascendant, le ♉ sur la pointe de la II, et les autres signes en suivant l'ordre des maisons. Dans chaque maison, inscrivez les 30° comme les divisions d'un centimètre. Par la pensée, vous placerez les planètes là où elles doivent être ; et vous aurez vite fait de voir si les astres sont en aspect oui ou non. Après quelques jours à peine de pratique, vous n'aurez même plus besoin de recourir à votre cercle.

Mais, il arrive rarement que les aspects soient parfaitement exacts, et qu'il y ait juste 60°, 90° et 120° entre deux planètes.

Aussi a-t-on été amené à reconnaître aux planètes une certaine zone d'influence s'étendant au-delà du degré qu'elles occupent et qu'on appelle leur orbe.

Ces orbes d'influence varient avec les aspects et les planètes.

Ainsi pour la ♂ et la ☍, on accorde 12° au ☉ et à la ☽ s'aspectant l'un l'autre ; — 10° quand l'un de ces deux luminaires aspecte une planète ; — et 8°, quand deux planètes s'aspectent mutuellement.

Pour le △ et le ☐, l'orbe s'étend à 8° ; pour le ✶ à 7° ; pour le ∠ et le ⊡ à 4° ; pour le ⋁ et le ⋁⋁ à 2°.

Par conséquent deux planètes séparées par 128° de longitude, sont encore considérées comme étant en △.

Il va sans dire que plus un aspect est parfait, c'est-à-dire plus il se rapproche de l'exactitude de son chiffre, et plus il est puissant.

Les pointes des maisons jouissent aussi d'une orbe d'influence qu'on évalue à 5° au-deçà de leur cuspide pour les maisons ordinaires, et à 8° pour la I, X et VII.

Je laisse de côté le parallèle de déclinaison et le parallèle zodiacal, ainsi que les questions d'application et de séparation des planètes.

Ce sont là pourtant des notions bien importantes au point de vue des relations planétaires ; mais elles ne sauraient trouver leur place dans un simple manuel élémentaire. D'ailleurs l'étudiant doit être bien persuadé qu'avec les notions que nous apportons ici, bien sues, bien comprises et bien pratiquées, il peut et doit arriver à des résultats très-intéressants et très-satisfaisants.

Le jour où il voudra pousser plus loin l'étude de l'astrologie, il pourra se procurer le traité très-complet et très-consciencieux du maître Iulevno, qu'il trouvera chez M. Daragon au prix de 10 fr. les deux volumes.

*_**

Et maintenant, nous en avons fini avec les éléments proprement dits de l'horoscope et de la science astrologique. Nous allons assister à la mise en œuvre de ces différents éléments dans notre II° partie, en attendant que nous apprenions dans la III° partie, à déchiffrer leur mystérieux langage.

DEUXIÈME PARTIE

L'ÉRECTION DE L'HOROSCOPE

Cette deuxième partie de notre traité comprend deux faces bien distinctes. Tout le travail de l'érection de la figure astrologique se réduit à deux choses très-simples, qui sont :

I. — La place des signes sur les maisons.

II. — La place des planètes dans les signes et les maisons.

———

CHAPITRE I

La place des signes sur les maisons

Avant de commencer l'explication de ce travail, je dois dire que pour le faire, il est de toute nécessité de se procurer deux modestes brochures de 1 fr. 5o chacune, chez M. Daragon.

1. — Tables des maisons de Raphaël, ou Raphaël's tables of houses.

Ces tables servent à dresser des horoscopes pour toute personne née sous n'importe quelle latitude du monde.

2. — Éphémérides de Raphaël pour l'année de la naissance de la personne. — Ces éphémérides donnent les positions des planètes pour chaque jour de l'année à midi.

Et maintenant, j'entre en matière.

***

Je suppose que vous vouliez dresser l'horoscope d'un homme né à Paris, le 16 décembre 1864, à 3 h. 48 m. du soir.

Paris, se trouvant à 48° de latitude, vous pouvez utiliser les tables des maisons érigées pour la latitude de 45°. Les différences sont tellement minimes pour 2° ou 3° de plus ou de moins de latitude qu'il n'y a pas lieu d'en tenir compte.

Possédant bien cette date précise, vous ouvrez votre éphéméride de Raphaël, à l'an 1864, et vous vous reportez au 16 décembre. Sous une colonne, en haut de laquelle vous lisez « *Sidereal Time* ». — Temps sidéral — vous trouvez en face de cette date 17 h. 41 m; — — vous négligez les secondes. C'est le temps sidéral pour midi. Mais votre naissance ayant eu lieu à 3 h. 48 du soir, vous ajoutez 3 h. 48 au temps sidéral; soit : 17 h. 41 + 3 h. 48 = 21 h. 29.

Si la naissance avait eu lieu avant midi, vous auriez retranché 3 h. 48 de 17 h. 41, c'est-à-dire la différence entre l'heure de la naissance et midi.

Vous voilà donc en présence du chiffre 21 h. 29.

Avec ce chiffre vous vous reportez à votre brochure à la *Table des Maisons* de Raphaël, à cette partie de la brochure qui a pour titre : *Tables of houses for any place in or near Latitude 45° N.* — c'est-à-dire — Tables des maisons pour tous les lieux qui se trouvent à la latitude de 45° N, ou aux environs de cette latitude.

Vous cherchez à la première colonne qui a pour titre *Sidereal Time*, le nombre 21 h. 29. Et en face de ce nombre, vous allez trouver les places des signes à inscrire sur les cuspides de vos maisons.

Nous lirez qu'il faut inscrire :

20°	de ♒	sur la pointe de la	X
21°	» ♓	—	—		XI
1	» ♉	—	—		XII
18°18	» ♊	—	—		I ou Ascendant
8°	» ♋	—	—		II
28°	» ♋	—	—		III.

Voilà donc six maisons garnies de leurs signes. Restent les six autres. Le procédé pour elles est des plus simples. Vous pouvez fermer votre Table des Maisons; vous n'en avez plus besoin.

Sachez seulement que les signes Nord et Sud s'opposent entre eux, et apprenez par cœur la formule suivante :

♈ Signe N, est opposé à	♎, Signe S, et vice versa
♉	—	—	♏,	—	—
♊	—	—	♐,	—	—
♋	—	—	♑,	—	—
♌	—	—	♒,	—	—
♍	—	—	♓,	—	—

3.

Donc, ♒ étant opposé à ♌, j'inscris ♌ 20° sur la pointe de la IV, opposée à la X.

♍ étant opposé à ♓, j'inscris ♍ 21° sur la pointe de la V, opposée à la XI.

♏ étant opposé à ♉, j'inscris ♏ 1° sur la pointe de la VI, opposée à la XII.

♐ étant opposé à ♊, j'inscris 18°18 ♐, sur la pointe de la VII, opposée à la I.

♑ étant opposé à ♋, j'inscris ♑ 8° sur la pointe de la VIII, opposée à la II.

Enfin ♑ étant encore opposé à ♋, j'inscris ♑ 28° sur la pointe de la XI, opposée à la III.

Ici, il faut faire attention à une particularité. Par suite, de l'élévation du pôle, deux signes du zodiaque n'ont pu être placés sur les pointes des maisons. Ce sont ♎ et ♈, les deux signes opposés.

Je les inscris à leur place au milieu (et non plus à la pointe) de la maison qui leur convient; c'est-à-dire que je mets ♎ entre ♍ et ♏ en V, et ♈ à la place opposée en XI, entre ♓ et ♉ (1).

Suivez cette démonstration d'après la figure 2 ci-dessous, et d'un coup d'œil vous comprendrez.

Et maintenant nous avons achevé la première phase de l'érection de l'horoscope.

(1) C'est ce qu'on appelle signe *intercepté*, c'est toujours présage de troubles et d'ennuis pour les maisons où ce signe vient se placer.

CHAPITRE II

La place des planètes dans les signes et les maisons

Revenons à l'éphéméride de Raphaël au 16 décembre.

A la colonne qui a pour titre « ☉ long », c'est-à-dire longitude du Soleil, vous lisez 24°51 sous ♐.

A la colonne qui a pour titre « ☽ long » vous lisez 2°59 sous ♌.

A la colonne qui a pour titre « ♅ long » vous lisez 27°37 R (1) sous ♒.

A la colonne qui a pour titre « ♄ long » vous lisez 27°57 sous ♎.

A la colonne qui a pour titre « ♃ long » vous lisez 12°2 sous ♐.

A la colonne qui a pour titre « ♂ long » vous lisez 4°15 R, sous ♒.

A la colonne qui a pour titre « ♀ long » vous lisez 2°14 sous ♒.

A la colonne qui a pour titre « ☿ long » vous lisez 13°20 sous ♑ (Dans les livres anglais, ♑ est marqué ⑂).

Puis, enfin en haut de la page gauche, à gauche, vous lisez « Neptune (♆) long » à 5°35 sous ♈.

(1) R veut dire *Rétrograde*. — Voyez plus haut les faiblesses accidentelles des planètes.

Vous négligez toutes les autres colonnes, donnant les latitudes des planètes ; vous n'en tiendrez compte que plus tard, quand vous passerez de l'étude élémentaire de l'astrologie à l'étude supérieure. Et je le répète, vous pouvez fort bien vous en passer maintenant pour la validité et la sûreté de vos pronostics.

Vous inscrivez donc ☉, ♃, ♄, ♅, ♂ et ♆, tel que ces planètes sont indiquées par l'éphéméride à l'heure de midi. Leur marche en un jour est assez lente, pour que vous ne teniez pas compte des différences des heures.

Il y a lieu d'introduire une légère modification pour la ☽, qui a un mouvement moyen de 34 minutes à l'heure, et pour ♀ et ☿ qui ont un mouvement moyen de 3 minutes environ par heure.

Pour la ☽, vous aurez $34 \times 4 = 136$ m. $= 2°16$; ce qui, ajouté à $2°59$, vous donne $5°15$.

Pour ♀, vous aurez $3 \times 4 = 12$; ce qui, ajouté à à $2°14$, vous donne $2°26$.

Pour ☿, vous aurez $3 \times 4 = 12$; ce qui, ajouté à $13°20$, vous donne $13°32$.

J'ai multiplié par 4, parce que la naissance a eu lieu à 4 heures de l'après-midi environ. Ce produit, que nous avons ajouté au nombre de degrés, indiqué pour midi, il faudrait l'en soustraire, si la naissance avait eu lieu avant midi, ou si les planètes étaient rétrogrades.

D'ailleurs, voici la figure complète de la nativité. Je néglige les minutes dans l'inscription des planètes pour plus de clarté graphique ; mais vous devrez toujours les inscrire.

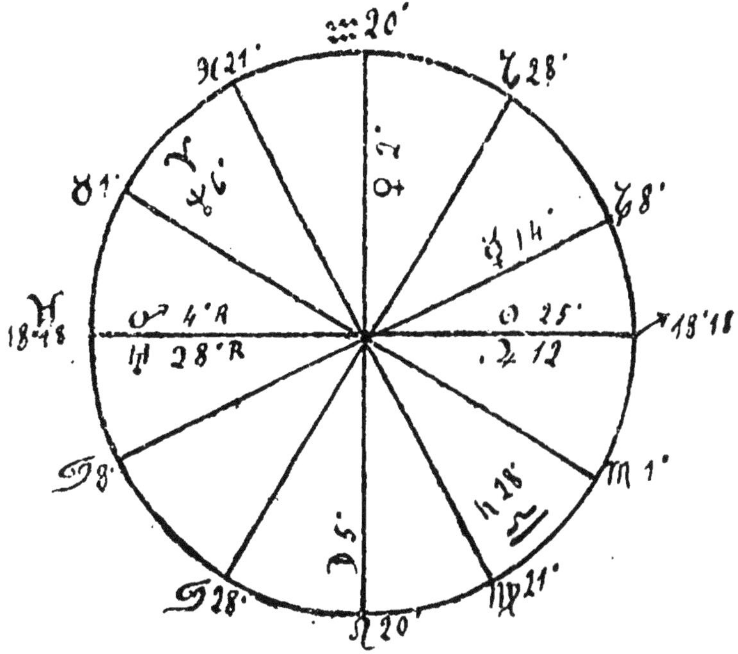

Figure 2

Comme on peut le voir, j'ai donc inscrit :

⊙ à 25°   de ♏.
☽ à 5°   de ♌.
♅ à 28° R de ♒.
♄ à 28°   de ♎, dans le sens du signe intercepté.
♃ à 12°   de ♏.
♂ à 4° R de ♒.
♀ à 2°   de ♒.
☿ à 14°   de ♓.
♆ à 6°   de ♈, dans le sens du signe intercepté.

On remarquera que les planètes s'inscrivent dans la maison même du signe, quand leurs degrés dépassent le nombre de degrés du signe; tandis qu'elles s'inscrivent en-deçà de la pointe de la maison, quand le nombre de leurs degrés n'atteint pas celui du signe.

Il y a d'autres signes astrologiques qu'on appelle :

1. La partie de Fortune, ainsi marquée ⊕

2. Les Nœuds de la Lune :

Nœud Ascendant ☊

Nœud Descendant ☋,

nommés aussi Tête et Queue du Dragon; mais ils ne sont que d'une faible utilité pour le débutant; nous les négligeons donc dans ce manuel élémentaire.

***

Et voilà notre figure astrologique érigée. Pénétrez-vous bien du mécanisme de ce travail; répétez-le à satiété, jusqu'à ce qu'il vous soit devenu familier, en procédant toujours de même façon ».

Nous arrivons maintenant à la partie la plus difficile et la plus délicate de notre tâche, la lecture de l'horoscope, qui va faire l'objet de la IIIe partie de ce traité.

TROISIÈME PARTIE

LA LECTURE DE L'HOROSCOPE

CHAPITRE I

Ce qu'il y a dans l'horoscope

Avant de commencer à lire l'horoscope, il faut le comprendre; et pour le comprendre, il est nécessaire d'en dégager les différents aspects, et d'en bien noter toutes les particularités.

D'abord dégageons les aspects en suivant les règles établies dans la première partie de ce traité, au chapitre V. Je prends comme exemple, la figure 2, et je commence en tenant compte de l'étendue d'influence des orbes des planètes.

.*.

☉ est à 178° de ♅; donc ☍
  —   57° — ♄ ; —   ✳
  —   13° — ♃ ; —   ☌

Ce que je traduis ainsi :

☉, ☍ ♅, ✳ ♄, ☌ ♃.

☽ est à 61° de ♂ ; donc ✳
     —   83° — ♄ ;   —   □
     —   177° — ♀ ;   —   ☍
     —   127° — ♃ ;   —   △

Et j'écris : ☽, ✳ ♂, □ ♄, ☍ ♀, △ ♃.

♅ est à 58° de ♂ ; donc ✳
     —   56° — ♀ ;   —   ✳

Et j'écris : ♅, ✳ ♂, ✳ ♀.

♅ est à 178° de ☉ ; donc ☍
     —   120° — ♄ ;   —   △

Et j'écris : ♅, ☍ ☉, △ ♄.

♄ est à 120° de ♅ ; donc △
     —   94° — ♀ ;   —   □
     —   44° — ♃ ;   —   ⟨

Et j'écris : ♄, △ ♅, □ ♀, ⟨ ♃.

♃ est à 172° de ♂ ; donc ☍
     —   32° — ☿ ;   —   ∨
     —   13° — ☉ ;   —   ☌

Et j'écris : ♃, ☍ ♂, ∨ ☿.

♂ est à 172° de ♃ ; donc ☍
     —   122° — ♀ ;   —   △
     —   61° — ☽ ;   —   ✳

Et j'écris : ♂, ☍ ♃, △ ♀, ✳ ☽.

♀ est à 56° de ♅ ; donc ✳
     —   122° — ♂ ;   —   △
     —   94° — ♄ ;   —   □
     —   177° — ☽ ;   —   ☍

Et j'écris : ♀, ✶ ♅, △ ♂, ☐ ♄, ☍ ☽.

☿ est à 32° de ♃ ; donc <u>V</u>

Et j'écris : ☿, <u>V</u> ♃.

Et voici tous les aspects planétaires dégagés; faites de même pour tous les horoscopes.

En examinant les planètes j'en trouve :

4 en signes de feu : ♅, ☽, ♃, ☉

4 — d'air ♂, ♄, ♀, ♅

1 — terre ☿.

J'en trouve encore :

2 en signes fixes

3 — cardinaux

4 — communs.

Qu'on se reporte à l'explication de ces différents termes au chap. III, art. I, première partie, de ce traité, et déjà vous pourrez dire :

4 planètes en signes de feu; donc tempérament bilieux, caractère énergique, ambitieux, ayant l'esprit d'initiative.

4 planètes en signes d'air; donc tempérament sanguin, par conséquent bilioso-sanguin; belle intelligence et riches facultés de l'esprit.

Je dois aussi noter les dignités et les faiblesses, tant accidentelles qu'essentielles des planètes.

Or, dans notre horoscope, je vois :

♃ en son signe — et angulaire; donc puissant et bénéfique, par dignité essentielle et accidentelle.

♄ en exaltation dans ♎, en V; donc moins maléfique que s'il était dans une de ses faiblesses.

♀ est culminante; donc puissante et bénéfique.

☾ est en III, maison où elle se plaît; donc dignité accidentelle.

♃ et ♂ angulaires; donc dignité accidentelle; mais rétrogrades; donc faiblesse accidentelle.

☉ angulaire et en joie; donc dignité essentielle et dignité accidentelle.

☿ est en pérégrination, faiblesse accidentelle.

♅ est en pérégrination; faiblesse accidentelle.

Ce sont là autant d'éléments dont il faudra tenir compte, quand vous jugerez la force des aspects que jettent les planètes.

Mais ceci n'est qu'un premier pas; arrivons à la lecture proprement dite de l'horoscope. Nous donnerons d'abord des conseils généraux sur la matière; puis nous continuerons par l'étude particulière, des différentes positions planétaires; nous finirons enfin par l'examen des grandes questions de l'existence, en donnant la manière de les solutionner.

CHAPITRE II

Conseils généraux

Déclarons tout d'abord que le nombre des combinaisons possibles entre les maisons, les signes, les planètes et les aspects est, pour ainsi dire, infini. Il n'y a pas deux horoscopes qui se ressemblent, même pour les enfants jumeaux qui souvent peuvent naître à 1/2 heure de distance l'un de l'autre. Il n'y a d'horoscopes semblables que pour les individus nés à la même minute et au même endroit. Il est certain que ces derniers, dans le milieu social où ils se développeront, recevront les mêmes influences planétaires.

Chaque maison doit être étudiée séparément sans cependant jamais perdre de vue l'ensemble de l'horoscope avec lequel elle doit toujours s'harmoniser.

Je prends par exemple la I, afin de bien connaître la personne dont il s'agit, soit au point de vue moral, soit au point de vue physique, puisque la I est la maison du sujet.

Recourons à la figure 2 qui va nous servir d'exemple.

Sur la pointe de la I, je vois les ♊. Or qu'est-ce que les Gémeaux ?

Le troisième signe du zodiaque. Donc toutes les choses se rapportant à la III, joueront un grand rôle dans la vie du sujet. Je me reporte à la description du III et je lis « affaires intellectuelles, écrits, lettres, messages, ivres, études, déménagements, voyages, déplacements, etc. » Voilà déjà un ensemble de vie bien marqué, n'est-il pas vrai ?

Je continue. Les ♒, signe masculin ; donc nature bien virile, encore accentuée par la présence de ♂ dans ce signe ; mais quelquefois l'énergie fléchit, parce que ♂ est rétrograde, de même qu'à certains moments elle est très-puissante, parce que ♂ est angulaire. Donc soubresauts dans l'énergie.

Les ♒ signe bicorporé ; donc il y a deux hommes dans notre sujet, deux êtres bien distincts ; il serait intéressant de les suivre tous les deux dans l'horoscope à travers leurs manifestations complexes si nous en avions le temps.

Les ♒, signe d'air, signe d'étude ; donc intellectualité.

Les ♒ signe de vitalité... etc.

Continuez de lire la description des ♒, et voyez ce qu'il apporte au sujet quand il est placé à l'Ascendant.

Quel est son seigneur ? C'est ☿.

Où est ☿ ? Il est en VIII, dans le ♓.

Reportez-vous au chap. III de cette III⁰ partie, et lisez ce qui concerne ☿ ; mais n'oubliez pas que ☿ en VIII, ne saurait avoir une signification fâcheuse, parce qu'il n'y reçoit qu'un seul aspect, faible il est vrai, mais très-bon du bénéfique et puissant ♃. Donc concluez : ☿ en VIII, c'est-à-dire détournements d'héritage à craindre, troubles nerveux, etc., mais réussite et chance à cause du bon aspect de ♃.

Que fait ☿ dans le ♓ ? Je lis toujours au même

endroit : « Maladies nerveuses, esprit inquiét, ironique, mordant, facilités pour l'étude de la philosophie et de l'occultisme. »

Et j'ajoute, à cause du bon aspect de ♃, Seigneur de la sagesse : « Jugement profond et droit. »

Il faudra aussi appliquer au sujet, ce que vous avez lu sur le ♐, au point de vue moral, dans notre étude détaillée, des signes du zodiaque.

Vous voyez comme notre personnage commence à se dessiner. — Mais continuons.

Que voyez-vous encore à l'ascendant ? — Deux planètes, ♅ et ♂.

Or, étudiez ces deux planètes, d'abord en elles-mêmes, puis dans les aspects qu'elles reçoivent, et que nous avons notés ; car soyez bien convaincu que vous devrez retrouver dans l'être même du sujet, comme dans l'évolution de sa vie, le caractère et l'influence de ces deux astres, modifiés dans tel ou tel sens, selon la nature des aspects qu'ils reçoivent, et selon les maisons d'où partent ces aspects.

L'espace nous manque pour développer à loisir tout cet intéressant travail ; mais le lecteur intelligent, saura suppléer à la brièveté forcée de mes explications.

Est-ce tout ? — Certes non. Les luminaires jouent aussi un rôle immense dans la personnalité du sujet.

Où est la ☽ ? — Dans ♌. — Lisez ce que nous disons au chapitre suivant de la ☽ dans ♌.

Quels aspects y reçoit-elle ? — Un ✶ de ♂ ; un □ de ♄, une ☍ de ♀, et un △ de ♃... — Lisez encore ce que nous disons au chapitre suivant sur les rapports bons ou mauvais de ♂, ♄, ♀ et ♃ avec ☽.

Et comme nous sommes toujours dans la définition du sujet, appliquez-vous surtout à dégager de tous ces aspects les traits qui le peindront le mieux.

Nous n'avons pas fini ; il nous faut aussi étudier le ☉. — Faites comme pour la ☽ ; voyez où il est, quels aspects bons ou mauvais, il reçoit, surtout son ☍ avec ♅, et son ✶ de ♄, et sa ♂ avec ♃. — Tenez compte de toutes ces particularités, étudiez-les, toujours à l'aide du chapitre suivant, à l'aide aussi, de tout ce que nous avons dit sur les maisons et les planètes ; méditez cet ensemble, rédigez-le, résumez-le ; faites comme l'écrivain qui, rapportant d'innombrables documents sur une contrée qu'il a visitée, fait son choix, élimine ceci, garde cela, classe le tout, et d'un ensemble parfois disparate, arrive à faire un livre d'une merveilleuse unité.

Procédez de même pour toutes les maisons. Etudiez leur signe, le seigneur de ce signe, la position de ce seigneur, sa force, sa faiblesse, les aspects qu'il reçoit, qui les envoie, de quelle maison ils partent. Etudiez aussi les rayons qui, des planètes peuvent tomber sur la pointe de cette maison, qui jouit, nous l'avons dit, d'une orbe d'influence de 5° en deçà de sa cuspide.

Dans ce travail, vous rencontrerez peut-être des idées qui vous paraîtront se contredire. Mais ce sera une simple apparence. Entre deux aspects qui vous paraîtront lutter l'un contre l'autre, vous aurez vite découvert quel est le plus puissant et le plus parfait. D'ailleurs, comme ces deux aspects ne peuvent partir ni de la même maison, ni de la même planète, ils ne peuvent donc pas avoir la même signification, ni porter sur les mêmes points.

Et puis, s'il y avait des contradictions, qu'est-ce que cela prouverait ? — Tout simplement qu'il y aura des contradictions dans la vie du sujet. Mais, quelles sont les vies où il n'y en pas ? Et l'horoscope, c'est toute la vie, toutes les vies !

Commencez d'abord par faire votre propre horoscope, étudiez-le à fond, méditez-le ;... et vous verrez peu à peu la lumière jaillir, à tel point que vous vous découvrirez des dessous ignorés, que vous ne vous soupçonniez pas, ou sur lesquels jamais votre regard ne s'était arrêté.

N'oubliez pas que les planètes agissent sur une maison.

1° Par leur présence, quand elles s'y trouvent. C'est l'action la plus efficace et la plus sûre.

2° Par leur domination sur le signe de cette maison, quel que soit l'endroit de la figure où elles se trouvent.

3° Par les aspects qu'elles y jettent ; et ces aspects, jugez-les plutôt par la nature de la maison d'où ils partent, que par le domaine de la planète qui les envoie.

Toutes ces choses, à première vue, peuvent paraître compliquées ; et de fait, elles le sont. Mais si elles ne ne l'étaient pas, l'horoscope serait-il une fidèle traduction de la vie, qui est souvent très compliquée ? Oui, c'est compliqué, avouons-le sincèrement. Et c'est pourquoi les vrais et sérieux astrologues sont si rares. Mais j'affirme qu'une intelligence moyenne, qui voudra se donner la peine d'étudier sérieusement ce petit manuel, arrivera à de beaux résultats. D'ailleurs, je vais essayer de simplifier le travail, en étudiant brièvement, au chapitre suivant, la signification de chaque planète, selon qu'elle se trouve dans telle ou telle maison, dans tel ou tel signe, aspectée en bien ou en mal par telle ou telle autre planète.

CHAPITRE III

Étude particulière

des différentes positions des planètes (1)

♅ en I. — Originalité, occultisme, études mystérieuses, excentricité ; esprit sarcastique, critique, intellectuel ; amour des nouveautés.

♅ en II. · Gains subits et pertes inattendues, selon les aspects.

♅ en III. — Bonne position pour l'esprit scientifique. — Développe l'amour des voyages.

♅ en IV. — Ennuis domestiques ; — soucis dans la vieillesse. Bien examiner les aspects.

♅ en V. — Ennuis dans toutes les significations de cette maison. — Très mauvaise position pour horoscope féminin.

♅ en VI. — Ennuis dans toute les significations de cette maison ; — maladies étranges, bizarres.

♅ en VII. — Nuit au mariage ; — malheur, infortune, séparations, unions irrégulières ; — incomptabilité d'humeur.

♅ en VIII. — Ennuis dans affaires de dot ou d'héritage. — Danger de mort subite.

(1) Je laisse de côté ♅, dont la signification astrologique me paraît encore trop peu étudiée.

♅ en IX. — Goût des choses occultes, mystiques, des nouvelles formes religieuses. — Souvent ennuis par les parents du conjoint. — Grands voyages tourmentés.

♅ en X. — Vie agitée ; position incertaine.

♅ en XI. — Bonheurs ou ennuis soudains du côté des amis.

♅ en XII. — Infortunes mystérieuses ; — beaucoup d'ennemis cachés.

***

♅ dans ♈. — Caractère opiniâtre, entêté.

♅ dans ♉. — Tempérament déterminé, résolu.

♅ dans ♊. — Amour de l'étude ; — fait les électriciens, les ingénieurs.

♅ dans ♋. — Excentricité ; caractère impatient et vif.

♅ dans ♌. — Ardeur, emportement, fierté.

♅ dans ♍. — Amour de l'occulte ; — orgueil ; — fait les professeurs et les écrivains remarquables.

♅ dans ♎. — Ambition, amour des voyages ; tendance au pessimisme ; goûts artistiques ; — déboires conjugaux.

♅ dans ♏. — Méchant, ironique, aggressif, superstitieux.

♅ dans ♐. — Franchise, indépendance, amour de l'autorité.

♅ dans ♑. — Sensible, impressionnable, esprit profond.

♅ dans ♒. — Imagination, amour des sciences, scepticisme.

♅ dans ♓. — Insolence ; — esprit romanesque, rêveur, mélancolique.

♂*

♅ et ♄. — En bon aspect, puissance de volonté, habileté, ordre, méthode, longue vie, heureuse chance.

En mauvais aspect, maladies longues et compliquées, selon le signe où ils se trouvent.

♅ et ♃. — En bon aspect, bonne chance pour les choses signifiées par les deux planètes.

En mauvais aspect, c'est le contraire.

♅ et ♂. — En bon aspect, énergie, activité, puissance dans les choses signifiées par les maisons dont ils sont les seigneurs, et par celles qu'ils occupent.

En mauvais aspect, énergie et activité encore, mais mal employées, d'une façon imprudente.

♅ et ☉. — En bon aspect, chance heureuse pour toutes les significations du ☉ et de ♅.

En mauvais aspect, désordres dans la santé, graves ennuis dans la situation ou dans les affaires publiques.

♅ et ♀. — En bon aspect, nombreux et bons amis, extérieur attirant et sympathique. — Goûts artistiques.

En mauvais aspect, ennuis par les amis et surtout par les femmes.

♅ et ☿. — En bon aspect, très heureux pour les facultés de l'esprit.

En mauvais aspect, troubles et désordres dans les choses de l'esprit.

♅ et ☽. — En bon aspect, chances de succès populaires en horoscopes masculins; pour les femmes, présages d'excellente santé.

En mauvais aspect, ennuis de famille. Pour les femmes, chagrins du côté des enfants.

♄

♄ en I. — Caractère réservé, méfiant, craintif; — quelquefois méchant, vindicatif et sournois; tout dépend du signe et des aspects.

♄ en II. — Mauvais pour la fortune.

♄ en III. — Mauvais pour les petits voyages, pour les rapports avec frères et sœurs, pour les écrits, les études.

♄ en IV. — Mauvais pour les affaires domestiques et pour le père du sujet.

♄ en V. — Désagréments pour toutes les significations de cette maison.

♄ en V. — Ennuis pour les choses de cette maison.

♄ en VII. — Mauvais pour le mariage.

♄ en VIII. — Malheurs du côté de la fortune du conjoint, ou des héritages.

♄ en IX. — Donne à l'esprit du sérieux et de la profondeur. Annonce des désagréments dans les grands voyages.

♄ en X. — Difficultés dans la situation. Ambition, Ténacité.

♄ en XI. — Ennuis par les amis : désappointements dans les espérances et les ambitions.

♄ en XII. — Dangers pour les ennemis, ou par de grandes bêtes; périls d'emprisonnement (1).

---

(1) Pour cette planète, comme pour ♅ et ♂, il est bien entendu que tous les ennuis que son caractère maléfique annonce, sont très adoucis, très modifiés, peuvent même disparaître complètement et se changer en bonheurs et

♄ dans ♈. — Obstacles au début de la vie, ennuis d'argent et de famille.

♄ dans ♉. — Économie, réserve, prudence ; ennuis conjugaux ; maladies en voyage ; disposition au mysticisme.

♄ dans ♊. — Mariage à l'étranger ; malheurs en affaires légales ; déceptions en amitié.

♄ dans ♋. — Caractère maussade ; discordes familiales ; mort en pays étranger ; ennuis en association ; difficultés à la fin de la vie.

♄ dans ♌. — Ambition, persévérance, force de volonté ; intelligence puissante et jugement sûr.

♄ dans ♍. — Prudence ; réserve ; difficultés dans la jeunesse ; — affections romanesques.

♄ dans ♎. — Goûts raffinés ; malheurs en amours ; — fortune inconstante dans le mariage ; — difficultés de situation.

♄ dans ♏. — Passion, jalousie, indépendance, ténacité, intrigues ; — voyages ou résidences à l'étranger ; — succès après difficultés.

♄ dans ♐. — Religion, honnêteté ; — dispositions à la vie publique ; — attaques au point de vue de la réputation.

en prospérités, si cette planète est puissante en dignités, dans le signe qu'elle occupe, et y reçoit de bons aspects. Qu'on se pénètre bien de ceci, que la signification d'une planète dans un signe ou dans une maison, n'a rien d'absolu : tout dépend de ses relations.

♄ dans ♉. — Mélancolie, difficultés en mariage ; — choix malheureux dans les affections ; — fin de vie infortunée.

♄ dans ♒. — Caractère sérieux, méditatif, sympathique, fidèle dans ses affections, heureux dans son mariage.

♄ dans ♓. — Attachements romanesques qui finissent mal ; idées personnelles en religion : fin souvent tragique.

**

♄ et ♃. — En bon aspect, c'est une heureuse chance pour les significations des quatre signes dont ces planètes sont les seigneurs.

En mauvais aspect, c'est le contraire.

♄ et ♂. — En bon aspect, hardiesse et courage, fermeté et persévérance.

En mauvais aspect, âme cruelle et violente ; — dangers de coups, de blessures, de fractures.

♄ et ☉. — En bon aspect, succès dans la vie, assuré par de puissants protecteurs.

En mauvais aspect, désastres pour la santé, juger le genre de maladie d'après les signes et les maisons.

♄ et ♀. — En bon aspect, succès en affections, bonheur familial, sincérité dans les sentiments du cœur.

En mauvais aspect, tristesses en mariage, goûts dépravés, vices secrets ; trompeur et hypocrite.

♄ et ☿. — En bon aspect, personne soigneuse de ses intérêts et de sa santé ; jugement posé et réfléchi.

En mauvais aspect, caractère méchant ; — défaut de langage ; — malhonnête, rusé, faux ami.

♄ et ☽. — En bon aspect, patience et succès dans l'acquisition de la fortune.

En mauvais aspect, pertes d'argent; — amis trompeurs; — femme désordonnée qui est un embarras dans la vie.

♃

♃ en I. — Santé florissante; âme généreuse, dévouée, que la chance favorise.

♃ en II. — Richesses et prospérité.

♃ en III. — Entente entre les frères et sœurs; chances dans les déplacements; goût de la saine littérature et des belles-lettres.

♃ en IV. — Fortune pour le père du sujet; richesse en biens immobiliers; heureuse fin d'existence.

♃ en V. — Succès en amours légitimes, en spéculations honnêtes; bonheur par les enfants.

♃ en VI. — Fortifie la santé, assure le succès des entreprises et donne le bonheur à la maison.

♃ en VII. — Bon présage au point de vue du mariage et des associations.

♃ en VIII. — Héritages ou fortune par dot du conjoint.

♃ en IX. — Ame religieuse; grands voyages prospères; — jugement profond et philosophique.

♃ en X. — Heureux pronostic pour la mère du sujet et pour la situation sociale.

♃ en XI. — Amis sincères et dévoués; bonne chance dans les entreprises et les espérances.

♃ en XII. — Protection contre les attaques des ennemis.

$\mathcal{U}$ dans ♈. — Ambition, succès, honneurs et belle situation au commencement de la vie.

$\mathcal{U}$ dans ♉. — Nature calme, tranquille, heureuse en affaires et en amours.

$\mathcal{U}$ dans ♊. — Intelligence élevée; — bonheurs en amitiés, avec chagrins dans la sphère domestique.

$\mathcal{U}$ dans ♋. — Nature sympathique, aimante, conquérant la popularité, et développant harmonieusement sa puissance d'attraction.

$\mathcal{U}$ dans ♌. — Ame fière et noble, loyale et grande. Succès dans la diplomatie. Mort honorable suivie de la gloire au-delà de la tombe.

$\mathcal{U}$ dans ♍. — Prudence dans les paroles; bonheur en affaires; amours secrètes, voyages lointains et lucratifs.

$\mathcal{U}$ dans ♎. — Ame charitable et compatissante; succès en associations; héritages venant d'étrangers.

$\mathcal{U}$ dans ♏. — Orgueil de la naissance; âme émotive; emploi dans le gouvernement; maladies du cœur à la fin de la vie.

$\mathcal{U}$ dans ♐. — Sympathique et impressionnable; fortune par des legs et des héritages.

$\mathcal{U}$ dans ♑. — Ambition; succès dans le commerce.

$\mathcal{U}$ dans ♒. — Esprit philosophe et tolérant; chances heureuses en association; mariage d'amour; mort subite.

$\mathcal{U}$ dans ♓. — Mariage avec une personne d'une classe inférieure; fin tranquille et religieuse.

♃ et ♂. — En bon aspect, bravoure, fierté, générosité.

En mauvais aspect, prodigalité, faux amis; dangers de vol, d'incendie et de suicide.

♃ et ☉. — En bon aspect, belles chances de fortune et de position.

En mauvais aspect, pertes d'argent et de position. Pour une femme, cet aspect annonce un mari malheureux.

♃ et ♀. — Succès dans les commerces féminins, ou arrivée à la fortune par les femmes.

En mauvais aspect, pertes d'argent par les femmes, les plaisirs, l'orgueil de paraître.

♃ et ☿. — En bon aspect, jugement sûr et droit, succès littéraires très lucratifs, fermeté et sobriété.

En mauvais aspect, jugement erroné, irréligion, indélicatesse de procédés.

♃ et ☽. — En bon aspect, prospérité et grandes chances dans la vie.

En mauvais aspect, indices de ruine et de pauvreté.

♂

♂ en I. — Esprit d'audace et de combativité; habileté pratique; travailleur infatigable.

♂ en II. — Fortune acquise par son propre travail, mais risques de pertes subites.

♂ en III. — Dangers pour les voyages en chemins de fer; discordes fraternelles; style de pamphlétaire violent.

♂ en IV. — Mort précoce du père ; chagrins dans la vieillesse ; estomac délicat et digestions pénibles.

♂ en V. — Chagrins par le fait des enfants ; malchance en spéculations et en amours.

♂ en VI. — Ennuis par le fait des domestiques ; tristesses causées par des maladies correspondant au signe de la maison.

♂ en VII. — Mariage malheureux et peut-être séparation ; peu de chances en association.

♂ en VIII. — Désappointements du côté de la fortune du conjoint ; épouse extravagante ou excentrique.

♂ en IX. — Dangers en lointains voyages ; esprit borné, têtu, sans ampleur et sans idées.

♂ en X. — Audace suivie de peu de succès ; risques sérieux pour la situation sociale.

♂ en XI. — Chagrins causés par la mort ou par la désaffection des amis ; insuccès dans les entreprises et écroulement des espérances.

♂ en XII. — Ennemis secrets ; âme traîtresse, fourbe ; danger de scandale.

*_**

♂ dans ♈. — Esprit positif, loyal, très entreprenant, brave, aventureux, égoïste.

♂ dans ♉. — Amitiés illustres ; idées très particulières en religion ; association ou mariage malheureux ; amours précoces.

♂ dans ♊. — Intelligence sûre et prompte ; — mariage avec un parent ; — personne plutôt faite pour le second rang que pour le premier ; — fin malheureuse.

♂ dans ♋. — Malheureux et inconstant ; beaucoup de chagrins et de tristesses ; voyages sur mer ; — difficultés au déclin de la vie.

♂ dans ♌. — Tempérament ardent et impulsif ; — amitiés secrètes ; — sentiments très puissants ; — belle position dans la vieillesse.

♂ dans ♍. — Union cachée avec une personne de rang inférieur ; — mort des amis ou des protecteurs ; — chance dans les spéculations.

♂ dans ♎. — Goûts artistiques et tendances délicates ; — peu de chance du côté de la fortune, mais plus heureuse chance en amour.

♂ dans ♏. — Intrigues ; — mission secrète ; — bon chimiste ou excellent mécanicien ; — caractère vindicatif.

♂ dans ♐. — Art militaire ; — esprit contradictoire ; — goût des inventions mécaniques ; — amour des choses sportives.

♂ dans ♑. — Amour du devoir ; — mariage avantageux ; — intelligence lente, mais sûre.

♂ dans ♒. — Esprit porté vers les sciences et vers les lettres ; — âme sincère en religion ; — mort en pays étranger.

♂ dans ♓. — Nature affectueuse, mais violente et obstinée ; — Tristesses dans les choses de cœur ; — Esprit critique et minutieux.

✽

♂ et ☉. — En bon aspect, énergie, vigueur, puissance rayonnante de volonté.

En mauvais aspect, nature agressive, orgueilleuse, emportée, qui compromet sa situation par son caractère.

♂ et ♀. — En bon aspect, c'est signe d'argent, c'est l'indice d'un attachement violent, puissant, de succès en mariage, en amitié, en association, d'heureuses chances en héritage, de prospérité dans les commerces qui ont rapport à la femme ou qui servent à orner la beauté.

En mauvais aspect, pertes d'argent ; tristesses conjugales ; — déboires en associations ; — soucis dans les commerces féminins ou dans les relations avec les femmes.

♂ et ☿. — En bon aspect, grande vivacité intellectuelle ; bonne humeur, nature primesautière et spirituelle.

En mauvais aspect, nous avons les matérialistes, les esprits critiques, contradictoires, portés à médire et à calomnier.

♂ et ☽. — En bon aspect, nature travailleuse, ardente au labeur comme à l'amour, énergique, entreprenante, appelée à réussir aussi bien les affaires que le mariage.

En mauvais aspect, imprudence, cruauté, pertes de réputation ; — passions déréglées, amours charnelles, scandale de conduite privée.

⊙ en I. — Bon augure pour tous les genres de succès, pour les dignités et la fortune, et aussi pour la santé.

⊙ en II. — Argent, gain, mais on peut redouter des excentricités qui feront dépenser l'argent follement.

⊙ en III. — Donne à l'esprit une tournure littéraire

et artistique, et annonce d'heureux appuis du côté des frères et des sœurs. Succès en petits voyages.

♄ en IV. — Héritages et fortune dans la vieillesse ; — position peu avantageuse pour la santé.

♄ en V. — Annonces des plaisirs, des fêtes, de la musique, du théâtre ; succès par les enfants qui seront peu nombreux.

♄ en VI. — Délicatesse de santé ; — mais avantages par les inférieurs, les domestiques, les serviteurs.

♄ en VII. — Bon mariage ; — réussite en association ; — situation prospère.

♄ en VIII. — Fortune venant par héritage ou par la dot du conjoint ; — danger de mort entre 40 et 50 ans ; — Danger de veuvage prématuré.

♄ en IX. — Heureux présage pour longs voyages ; affaires religieuses ou scientifiques ; — esprit aventureux, entreprenant.

♄ en X. — Excellent pour la situation sociale et les dignités honorifiques.

♄ en XI. — Appuis sérieux du côté des amis ; réussite dans les projets ; ambitions satisfaites.

♄ en XII. — Ennemis secrets, mais impuissants ; réussite dans les fonctions humbles et obscures. Vie tranquille.

*
* *

♄ dans ♈. — Fortune variable ; célébrité, gloire, honneur, probité et justice.

♄ dans ♉. — Ennuis par procès ou héritages ; esprit observateur, pénétrant, contemplatif, mystique.

♅ dans ⛎. — Bons offices des frères et sœurs ; fortune médiocre; esprit scientifique et littéraire.

♅ dans ♋. — Beaucoup d'ennemis ; mauvais estomac ; déplacements fréquents.

♅ dans ♌. — Hautes dignités ; belles richesses, autorité et puissance.

♅ dans ♍. — Liaisons mystérieuses ; belles facultés de l'esprit ; travaux utiles ; — réputation par la science.

♅ dans ♎. — Ame contemplative, artistique, rêveuse, observatrice; aime les voyages, les beaux sites, ce qui est juste et équitable.

♅ dans ♏. — Grandes inimitiés ; danger de mort subite par le fer ou par le feu.

♅ dans ♐. — Belle position; amour du panache; passions ardentes ; âme noble et fière; gâte le mariage.

♅ dans ♑. — Renversement de position ; vie courte, santé chancelante.

♅ dans ♒. — Vie longue : inimitiés de hauts personnages ; illuminisme, acétisme, piétisme.

♅ dans ♓. — Position incertaine et changeante ; caractère arrogant, ennemis puissants, danger d'hydropisie.

.˙.

♅ et ♀. — En bon aspect, succès par les industries de la femme, par les plaisirs, les théâtres, les nouveautés, la mode.

En mauvais aspect, désastres et ennuis par ces mêmes industries.

♅ et ☿. — Ces deux planètes sont toujours en ☌ ou

en parallèle, parce qu'elles ne peuvent jamais se trouver à plus de 28° l'une de l'autre; la nature de leur conjonction se déduit du signe où elle a lieu.

☉ et ☽. — Les bons aspects de ces luminaires sont excellents pour la santé, la fortune et les affaires du cœur; les mauvais aspect nuisent d'autant à ces différentes choses.

♀

♀ en I. — Nature aimable, gaie, sympathique, captivante, plein de sens artistique et d'idéalisme poétique.

♀ en II. — Bonne chance au point de vue fortune, surtout si ♀ reçoit un bon aspect de ♄.

♀ en III. — Entente affectueuse et cordiale entre frères et sœurs; succès en poésie et dans la culture des beaux-arts.

♀ en IV. — Bonheur domestique; fortune immobilière bien assise ; existence tranquille dans la vieillesse.

♀ en V. — Succès dans les plaisirs, les divertissements, les jeux, les spéculations, les amours et les enfants.

♀ en VI. — Faiblesse des organes génitaux; désagréments avec les domestiques; passions ancillaires.

♀ en VII. — Beau mariage; associations chanceuses; épouse vertueuse, sage et jolie.

♀ en VIII. — Veuvage prématuré, ou divorce, ou séparation ; richesse par héritage ou par dot du conjoint.

♀ en IX. — Chasteté, célibat, amitié de prêtres ou

de gens mariés; entrée en religion; ennuis par chagrins d'amour; voyages heureux, esprit religieux.

♀ en X. — Protection de grandes dames; célébrité par les arts; — élévation au milieu de la vie; heureuse position pour la mère du sujet.

♀ en XI. — Réussite dans les projets; popularité; beaucoup d'amis.

♀ en XII. — Profits dans une profession obscure; secrètes affaires de cœur, pas heureuses.

***

♀ dans ♈. — Sentiments ardents; âme démonstrative, toute en dehors; affections romanesques.

♀ dans ♉. — Maladies en voyage; fidélité aux affections : fortune acquise par efforts obstinés et persévérants.

♀ dans ♊. — Beaucoup d'amis ; succès en mariage; probablement deux unions : chagrins dans la vieillesse.

♀ dans ♋. — Amours mytérieuses; mort du conjoint en pays étrangers; — excellent pour l'occultisme et la médiumnité.

♀ dans ♌. — Excentricité; — sentiments violents et vifs; — capacité de mourir pour sauver son honneur; — gains par des héritages ; situations étranges et bizarres dans la vieillesse.

♀ dans ♍. — Affections très pures ; — liaisons secrètes; — pertes d'amis, causant une vive douleur.

♀ dans ♎. — Nature simple et aimante; affections avec des cousins ou des parents ; — mariage d'amour et sacrifices d'argent à l'occasion de ce mariage.

♀ dans ♏. — Jalousie, orgueil de caste, désastres de situation ; voyages sur mer ; — aventures romantiques ; — danger de mort par empoisonnement ou suicide.

♀ dans ♐. — Impressionnabilité ; amitiés puissantes ; mariage avantageux ; héritages probables, fin tranquille.

♀ dans ♑. — Désappointements en amour ; — intrigues avec des inférieurs ; — bonheur domestique compromis.

♀ dans ♒. — Fidélité ; — amours platoniques ; — attachements secrets ; — mariage de pur amour ; — quelque chose de tragique à la fin de la vie.

♀ dans ♓. — Maladie après mariage ; — appuis sérieux par des amis ; — âme tranquille et douce ; — émotions calmes.

**

♀ et ☿. — En bon aspect, c'est la fortune par le théâtre, le chant, les beaux-arts ou par un beau mariage ; — concorde entre frères et sœurs ; — esprit cultivé et gracieux.

En mauvais aspect, il n'y a de possible que le <, qui est peu important et qui ne saurait apporter que de légers obstacles.

♀ et ☽. — En bon aspect, mœurs honnêtes et sages ; mariage avantageux ; — bonne chance de réussite dans la vie.

En mauvais aspect, c'est l'imprévoyance, la prodigalité, l'amour du changement, l'intempérance et une santé plus ou moins compromise.

☿

☿ en I. — Esprit fertile en ressources, ingénieux, aimant la lecture, la science, l'éloquence, la parole publique ; — nature active, toujours affairée, jamais en repos.

☿ en II. — Signification peu importante à cause de la neutralité de ☿. — Etudier surtout les aspects du seigneur de cette maison, et la situation de ♃.

☿ en III. — Amour de l'astrologie et des sciences occultes ; recherche des nouveautés, des curiosités, des chemins peu fréquentés des connaissances humaines.

☿ en IV. — Industries ; — prévoyance qui achète des maisons, des terres, qui plante des arbres, qui conserve la fortune du père.

☿ en V. — Inconstance en amour ; — enfants intelligents ; — chances dans une industrie touchant au théâtre, à l'exploitation des lieux de plaisir ou des music-halls.

☿ en VI. — Difficultés de prononciation, bégaiement ou zézaiement ; — voyages nécessités par la santé ; — ennuis avec les domestiques ; — goût des mathématiques ou de la médecine.

☿ en VII. — Mariage de raison plutôt que mariage d'amour ; tendance à s'occuper de faire des mariages ; procès, disputes, querelles.

☿ en VIII. — Détournements d'héritages à craindre, voyages occasionnés par des décès ; troubles nerveux ; — ennuis par le fait de la santé ou de la fortune du conjoint.

☿ en IX. — Homme d'église ou de science ; fortune

par les grands voyages ; — parole publique ; style lourd et emphatique.

☿ en X. — Belles relations ; — réputation par le talent, par l'éloquence, par la science ; — charges diplomatiques.

☿ en XI. — Nombreuses relations utiles parmi les savants, les écrivains ; esprit inventif, cultivé aussi bien dans les sciences que dans les lettres.

☿ en XII. — Amitiés perverses, surtout si ☿ est dans ♉, ♓, ou ♏. — Dans les autres signes il donne une élocution facile et pronostique le succès dans la vie.

****

☿ dans ♈. — Esprit très-prompt, quelquefois porté à l'exagération des idées ; pensées personnelles et vues très libérales.

☿ dans ♉. — Esprit dogmatisant, pontifiant ; sympathies ou antipathies irraisonnées ; — tendances artistiques.

☿ dans ♒. — Minutieux, critique, aimant les voyages ; — relations amicales avec savants et artistes.

☿ dans ♋. — Discrétion, fidélité, religion ; — esprit flexible et souple, facile à influencer.

☿ dans ♌. — Esprit organisateur, dominateur, ayant de grandes visées, marchant dans la vie avec assurance, confiant dans son étoile et dans la noblesse de son idéal.

☿ dans ♍. — Prudence, méthode, amour du mystère, scepticisme, se refusant à admettre les choses sans preuves.

☿ dans ♎. — Ame tranquille que les passions ne troublent pas; esprit large, aimant l'étude.

☿ dans ♏. — Caractère méfiant; — dangers physiques en duel ou en guerre si ☽ est conjointe. Beaucoup de déboires dans la vie.

☿ dans ♐. — Emplois dans la diplomatie; — science, justice, habileté, équité, probité; — aptitude à la jurisprudence.

☿ dans ♑. — Maladies nerveuses; — esprit inquiet, ironique, mordant; — facilités pour l'étude de la philosophie et de l'occultisme.

☿ dans ♒. — Esprit d'indépendance; — fait rechercher la solitude ou la société des savants, des vieillards; — position tardive; — force d'inertie.

☿ dans ♓. — Beauté physique; — beaucoup d'amis de circonstance, de passage; — intelligence féconde; — aptitudes multiples.

.

☿ et ☽. — En bon aspect, force d'âme; — imagination à la fois scientifique et poétique; — louanges, bonne renommée, amour des voyages.

En mauvais aspect, esprit inconstant et versatile; — discordances entre l'esprit et la conscience; — ennuis par trahisons féminines ou par gens du peuple.

☽

☽ en I. — Humeur changeante, esprit irrésolu; — âme phlegmatique; imagination romanesque, rêveuse.

☽ en II. — En ses dignités, elle favorise la fortune. — Dans ♐ ou ♏, elle annonce pertes d'argent.

☽ en III. — Beaucoup de petits voyages; — amour de la science; — bonnes relations avec les frères et sœurs et les voisins.

☽ en IV. — Succès en agriculture, en élevage: — bonne chance pour la fin de la vie.

☽ en V. — Tendance aux plaisirs, aux divertissements, à tenter la chance par des loteries. — Bonheurs du côté des enfants.

☽ en VI. — Maladies de vessie. — Tribulations par gens de petite condition; — dangers pour la vue; — inimitiés de femmes.

☽ en VII. — Inconstance du bonheur conjugal; — associations peu solides; — infidélités.

☽ en VIII. — Migraines; — possibilités de fortune par le conjoint; — danger pour l'œil gauche.

☽ en IX. — Visions, pressentiments, longs voyages; — extravagance, excentricité; — science, intuition.

☽ en X. — Haute élévation, mais de courte durée; faveurs populaires, mais passagères; — fortune et prospérité chancelantes.

☽ en XI. — Beaucoup d'enfants; — quelquefois plusieurs unions ou mariages; — protections influentes; réussite dans les projets.

☽ en XII. — Maladies longues, étranges, pénibles. — disgrâces populaires; — esprit exalté; — menaces de fin malheureuse.

.*.

☽ dans ♈ et ♏. — Amours mystérieuses; — changements de position; — imagination vive et ardente, capricieuse, fantasque, sujette à des coups de tête.

☽ dans ♉ et ♎. — Caractère doux, obligeant, facile, mais ferme quand même; — maladies de la gorge; — musique, peinture, ornements.

☽ dans ☿ et ♍. — Esprit réceptif, toujours prêt à adopter de nouvelles idées; — dispositions littéraires et scientifiques.

☽ dans ♋. — La meilleure position pour ☽. Sociabilité, amour de la famille, humanité, âme généreuse et sympathique.

☽ dans ♌. — Dignité, orgueil, ambition, nature noble et élevée; — quelquefois vanité et ostentation.

☽ dans ♒ et ♓. — Humeur joyeuse, pleine de vie et d'entrain, aimant la beauté et l'harmonie des choses.

☽ dans ♐ et ♒. — Gravité, patience, réserve, sobriété, sagesse, dignité, puissance de volonté.

.*.

Il est bien entendu que toutes ces indications doivent être subordonnées aux aspects que reçoit la planète, et qui peuvent modifier dans un sens ou dans un autre, les présages que nous apportons ici. Je le répète, en astrologie, aucun signe n'est absolu; il y a une influence continuelle et réciproque de tous les signes les uns sur les autres; une relation obligatoire et forcée entre le détail et l'ensemble. C'est ici surtout que le jugement, la psychologie, la réflexion, l'étude des facultés humaines, la science des principes, les relations de causes à effet, doivent intervenir à tout instant, dans l'appréciation des choses et dans la rédaction de l'horoscope.

CHAPITRE IV

Etude particulière des grandes questions

ARTICLE I

La santé et les maladies

Cette question est une des plus importantes à examiner dans un horoscope. Nous allons donner quelques règles précises qui permettront à l'astrologue de formuler un jugement très sûr à ce sujet.

Il y a dans l'horoscope trois points principaux qui sont les vraies sources de la vie : le ☉, la ☽ et l'Ascendant. Ici, par ascendant, nous entendons le degré même du signe zodiacal qui occupe la pointe de la I. Dans notre horoscope d'exemple, c'est le 19° des ♒ qui est l'Ascendant, et qui doit être considéré comme une véritable planète au point de vue des aspects bons ou mauvais qu'il peut recevoir.

Examinez donc bien le signe I. Est-ce un signe de feu ? Est-ce un signe de bonne constitution ? Alors vous avez une première indication d'énergie vitale. Est-ce un signe d'eau ? Vous êtes en présence d'une constitution plus faible. Si c'est un signe d'air, vous pouvez conclure à une santé moyenne.

Reportez-vous sur ce que nous avons dit au chap. III de la première partie, sur les maladies inhérentes à chaque signe, sur les parties du corps que ce signe gouverne. Vous pouvez alors conclure que le sujet se trouvera exposé aux maladies qui sont signifiées par le signe de la I, et que les parties corporelles les plus faibles chez lui seront celles qui gouverne ce signe.

☉ en I, tend à fortifier la constitution.

☽ — dénote une santé assez irrégulière.

☿ — sera une indication de maladies nerveuses.

♀ — exerce son influence sur les organes sexuels.

♂ — tend plutôt à agir sur le système musculaire.

♃ — affecte le sang et le foie.

♄ — commande aux rhumatismes, aux douleurs.

♅ — est un signe de maladies étranges, incurables, qui résident aussi bien dans l'être psychique que dans l'être physique.

Etudiez également le signe qui occupe la pointe de la VI, les maladies et les parties du corps qu'il gouverne, parce que la VI est la maison des maladies. Etudiez aussi la nature, la puissance et la force du seigneur de cette maison.

ARTICLE II

L'Hyleg

Qu'est-ce que l'hyleg ?
Comment le déterminer ?
L'hyleg est le point précis de l'horoscope qui est le

çentre principal de la vie physique. Les astrologues ne sont pas absolument d'accord sur la détermination de ce point. Pour moi, je crois que ce qu'il y a encore de plus sûr, c'est de s'en tenir à ce sujet, à la doctrine de Ptolémée. Et voici en quoi elle consiste :

Ptolémée admet qu'il y a ce qu'on appelle dans l'horoscope des places hylégiaques qui sont :

1. Depuis 5° au-dessus du degré ascendant jusqu'à 25° au-dessous.

2. Depuis le milieu entre l'ascendant et le Milieu du Ciel, jusqu'à 5° au delà de la cuspide de la IX.

3. Depuis 5° au-dessus de la pointe de la VIII, jusqu'à 7° au-dessous du degré de la VII ou descendant.

Or, si ☉ est dans l'une de ces places hylégiaques, c'est lui qui est hyleg.

S'il n'y est pas, et que ☽ y soit, c'est la ☽ qui est hyleg.

Enfin, si ni l'un ni l'un ni l'autre ne s'y trouvent, c'est l'ascendant qui est hyleg.

D'après ces règles, dans notre horoscope d'exemple, c'est ☉ qui est hyleg.

Une fois l'hyleg ainsi déterminé, examinez quelle est la planète qui lui jette le meilleur aspect. Cette planète devient *aphète*, c'est-à-dire que c'est elle qui va soutenir la vie. Etudiez-la donc spécialement au point de vue des dignités, de sa puissance et de sa position ; etc..., vous pourrez déjà avoir des indications sur la force vitale du sujet.

Dans notre horoscope, le meilleur aspect que reçoit le ☉ hyleg, c'est celui de ♃ qui est en ♂ avec lui. C'est donc ♃ qui est aphète.

Examinez aussi quelle est la planète qui envoie le plus mauvais aspect à l'hyleg. Cette planète devient *anarète*, c'est-à-dire que c'est elle qui enlèvera la vie. Etudiez-là comme l'aphète. C'est de la lutte entre ces deux planètes, l'*aphète* et l'*amarète* que dépend la vie physique; ce sont elles qui vont contrebalancer réciproquement leur influence, et finalement ce sera la plus forte qui l'emportera. Ou l'aphète sauvera le sujet ou l'amarète le tuera.

Dans notre horoscope, c'est ♅ qui est amarète, parce que ☉ reçoit son plus mauvais aspect, par ☍. C'est donc un mauvais aspect de ♅ qui, calculé par les directions, tuera le sujet.

Quoi qu'il en soit, même après la détermination précise de l'hyleg, n'oubliez pas d'étudier très-sérieusement les deux autres centres vitaux, qui jouent un grand rôle dans l'existence, même quand ils ne sont plus hyleg.

ARTICLE III

La richesse

Nous avons dit déjà que la II était celle qui nous fournissait les plus sûres indications au point de vue fortune. Il faut donc l'étudier très-sérieusement.

Il faut examiner aussi, avons-nous dit, la situation de ♃, qui est le plus puissant agent de la fortune.

Si vous trouvez cette planète en II, puissante et bien aspectée par ☉, ☽ ou ♄, vous pouvez conclure à d'heureuses chances du côté financier.

Quand toutes les planètes, ou au moins la plus grande partie des planètes, sont au-dessus de l'horizon, c'est aussi un excellent présage.

Si vous voyez encore ♃, au milieu du ciel; si vous y voyez ☉ ou ☾ en * ou △ avec ♃; si ☉ et ☽ s'aspectent par △; autant de bons présages.

Si ♃, ♀, ☉, sont puissants en IV, c'est bon signe pour la dernière partie de la vie. S'ils y sont faibles, où s'ils y reçoivent de mauvais aspects, c'est un fâcheux présage.

Si ♄ est en II, il annonce des difficultés financiéres pendant presque toute la durée de la vie.

Si ♃, reçoit des mauvais aspects des luminaires, vous êtes en face d'un prodigue qui gaspillera sa fortune.

Si le seigneur de la II se trouve en I avec le seigneur de la XI, et qu'ils y soient puissants tous les deux; le sujet deviendra riche dans la dernière partie de la vie.

Si le seigneur de la I est dans la II, celui de la II en XI et celui de la XI en I, le sujet deviendra riche par la découverte de trésors enfouis.

Si les seigneurs de la I et de la II se trouvent bien dignifiés en III, et sont en rapport avec des planètes masculines ou avec le seigneur de la III, par conjonction ou par aspect, le sujet deviendra riche par ses frères.

Si le seigneur de la II est bien dignifié en II et se trouve en rapport avec le seigneur de la V, par conjonction ou par aspect, le sujet deviendra riche par ses enfants.

Si le seigneur de la II est dignifié et puissant en II, et est en rapport avec le seigneur de la VI, par aspect ou conjonction, le sujet gagnera de l'argent par ses ennemis.

Si ♃ est en mauvaise relation avec ♀, c'est l'inconduite, le plaisir, les femmes, qui certainement entameront le patrimoine du sujet.

Si ♄ afflige ☽, c'est un indice de pauvreté et de condition misérable.

Les personnes qui naissent entre 10 heures et midi sont généralement plus favorisées de la fortune. Cependant il faut tenir compte encore de la position des maléfiques.

ARTICLE IV

Amour et Mariage

Pour cette question, il faut procéder différemment, selon qu'on s'occupe d'un horoscope masculin ou d'un horoscope féminin.

Pour les hommes, il faut étudier la ☽ et ♀.

Si la ☽ se trouve en XII, XI, X ou IV, V, VI, c'est une preuve que l'homme se mariera de bonne heure ou avec une femme beaucoup plus jeune que lui. Si la ☽ se trouve dans les autres maisons, il se mariera tard ou avec une femme plus âgée que lui.

Pour connaître la qualité de la femme que l'homme épousera, regardez la première planète avec laquelle la ☽ va former un aspect dans sa course à travers le zodiaque. Si c'est ♄, l'épouse sera sérieuse et grave ; si c'est ♃, elle sera bonne, honnête, juste et droite ; si c'est ♂, elle sera violente et rageuse ; si c'est ☿, elle sera active, intelligente, mais bavarde et cancanière ; si c'est

♀ elle sera jolie et gracieuse ; si c'est ♅, elle sera excentrique et originale ; si c'est ☉, elle sera fière, pleine de noblesse et de dignité.

Si l'aspect que va former la ☽ avec cette planète était un aspect maléfique, les significations deviendraient d'autant plus fâcheuses que l'aspect serait plus mauvais.

Pour une femme, il faut étudier ☉, ♀ et ♂. Si ☉ est à l'orient, la femme se mariera de bonne heure ou avec un homme plus jeune qu'elle. Si ☉ est occidental, elle se mariera tard ou avec un homme plus âgé. Si ☉ est angulaire et reçoit de nombreux aspects, elle se remariera peut-être plus d'une fois.

Les relations du ☉ avec les autres planètes, peuvent indiquer quel sera le mari.

Si ☉ marche a un aspect de ♄, le mari sera courageux, mais triste et morose. S'il marche à un aspect de ♃, il sera noble et digne. S'il marche à un aspect de ♂, il sera violent cruel, sans cœur ; s'il marche à un aspect de ♀, il sera gracieux, aimable et beau. S'il marche à un à un aspect de ☿, il sera bien intelligent et bien doué.

Si ♀ est en conjonction avec ♄, le mari sera laborieux, travailleur, mais peu agréable.

Si ♀ est en conjonction avec ♃, il sera honnête et bon.

Si le ☉ marche à un aspect à ♅, le mari sera bizarre, original, excentrique.

Pour le mariage, étudiez tout particulièrement la VII. Si vous y trouvez ♃, ☌ ♀, sans mauvais aspects, vous pouvez conclure avec certitude au bonheur domestique.

Si vous y trouvez ♂, c'est que le conjoint aura mau-

vais caractère; si vous y trouvez ♄, c'est qu'il sera
mélancolique ou grincheux.

Si la ☽ afflige ♅, il pourra avoir séparation des époux.
Pour une femme, si ☉ était affligé par ♅, ce serait
l'indice d'une grande infortune en amour.

Souvent, dans un horoscope, il faudra remplacer le
mot mariage par le mot union. L'astrologie ne distingue
pas le mariage légal de l'union libre; elle voit seulement les rapports qui vont exister entre les deux sexes,
sans se demander s'ils seront sanctionnés par l'autorité
civile ou religieuse. Cette simple substitution de termes
épargnera bien des erreurs.

ARTICLE V

Les enfants

Pour cette question, il faut étudier la V et la VII.

Si vous trouvez des signes féconds à la pointe de ces
maisons, ils indiquent que le sujet aura des enfants.

Le ☉ en V n'est pas favorable aux enfants; la ☽ y
promet un enfant qui acquerra une grande réputation,
à moins qu'elle n'y reçoive de nombreux aspects; ☿ y
présage des ennuis du côté des enfants; ♀ y promet des
enfants qui auront des goûts artistiques; ♂ y présage
la mort violente d'un des enfants; ♃ y annonce beaucoup de bonheur par les enfants; ♅ y indique un danger de scandale de ce côté-là.

♄, en ☍ avec ♃ ou ♀, détruit la postérité du sujet
quelque nombreux qu'elle puisse être.

Le nombre des enfants augmentera ou diminuera selon que les planètes en V seront bien ou mal aspectées.

S'il y a dans l'horoscope beaucoup de planètes en signes féminins, c'est un signe de postérité féminine et vice-versâ.

Si le signe qui occupe la pointe de la V est un signe masculin; si le seigneur de ce signe est une planète masculine placée en signe masculin ; il y aura plus de garçons que de filles, et vice-versâ.

Appliquez les mêmes principes à la XI.

Si la V promet des enfants et que la XI les refuse, cela prouve qu'il y aura des enfants qui mourront en bas âge. Même conclusion si la XI promet des enfants, et que la V les refuse.

Si le Seigneur de la V est en V bien aspecté, c'est l'indice d'une postérité illustre et heureuse.

Lorsqu'il y a bon aspect entre les seigneurs de la I et de la V, c'est signe d'affection réciproque entre le père et les enfants. S'il y a mauvais aspect ou pas d'aspect du tout, les enfants vivront en mauvaise intelligence avec leurs parents.

ARTICLE VI

Les amis et les ennemis

Pour les amis, étudiez la XI ; pour les ennemis déclarés, la VII ; pour les ennemis secrets, la XII.

Toute planète en XI montrera le genre d'amis que le sujet est appelé à rencontrer dans la vie. Si cette planète est puissante et reçoit de bons aspects, le sujet n'aura que du bonheur de ce côté, même si cette planète est maléfique. Mais, si elle reçoit de mauvais rayons, regardez bien de quelle maison partent ces mauvais rayons. S'ils viennent de la II, les amis feront perdre de l'argent ; s'ils viennent de la III, vos amis vous brouilleront avec vos frères et sœurs, ou écriront contre vous, etc. Vous faites ainsi le tour de la figure en donnant à chaque mauvais rayon la signification de la maison d'où il part.

La ☽ affligée par ♄, en n'importe quel signe, en n'importe quel maison, dénote toujours de faux amis.

Si vous voyez un maléfique en VII, surtout ♂, concluez que le sujet rencontrera sur sa route beaucoup d'adversaires déclarés. — Si vous le trouvez en XII, concluez qu'il trouvera beaucoup d'ennemis secrets.

Si la ☽ est en XII, elle annonce de nombreuses inimitiés féminines.

Si le maître de l'ascendant, se trouve plus dignifié que le seigneur de la VII, le sujet triomphera de tous ses ennemis.

ARTICLE VII

Les voyages

Ici, il nous faut considérer attentivement la III et la IX, qui sont la première, la maison des petits voyages, et la seconde la maison des grands voyages.

☉ en III, annonce des succès par les petits voyages. En IX, il présage réussite dans les pays étrangers, à moins qu'il n'y soit affligé par ♂ ou ♅.

☽ en III et en IX, donne l'amour des voyages.

♀ en III et en IX, présage succès dans les petits voyages et prospérité dans les grands.

♂ et ♄ en III et en IX, n'annoncent rien de bon pour les voyages ; tandis que ♃ y pronostique succès.

♅ et ♆, en ces maisons dénotent toujours quelque chose d'étrange et de bizarre dans les voyages.

Si la ☽ est en puissant aspect avec ♅, et qu'elle se trouve dans ♋ ou ♓, c'est un indice de lointains voyages.

Si les bénéfiques disposent des seigneurs de la III et de la IV, et de ☽, et qu'ils soient en bon espect avec eux, c'est signe que les voyages seront fructueux.

Les planètes en signe fixe indiquent peu de voyages.

De même si vous voyez des signes fixes sur les pointes de la III et de la IX, concluez que le sujet voyagera peu.

Si ♄ est puissant dans une nativité, il indique un caractère casanier qui n'aime pas beaucoup sortir de chez lui.

ARTICLE VIII

La profession et la situation sociale

La planète qui est la plus proche du ☉ et celle qui est culminante au Milieu du Ciel, surtout si elle est en aspect avec ☽, ont une grande importance en cette question.

Si ♂ est maître de la figure ou placé à l'ascendant, il y a des chances pour que le sujet s'élève à un haut grade dans l'armée, ou qu'il soit un excellent chirurgien.

☿ en bon aspect avec la ☽ ou ♀ fait les orateurs ; en

bon aspect avec ♃ ou ♄, il indique les philosophes et les théologiens; en bon aspect avec ♂, il fait les grands médecins et les mathématiciens illustres.

☿ et ♀ en ☌ dans un signe d'air, à l'ascendant, étant en △ avec ♃ en IX, fait les grands professeurs et les critiques célèbres.

D'une façon générale, pour cette question, il faut surtout étudier la X.

Si vous y voyez ☉ ou ♃, c'est signe de succès; si ☽, c'est signe de situation instable; si ☿, étudiez alors les aspects qu'il reçoit à cause de sa nature essentiellement convertible; si ♀, c'est l'indice d'une certaine prospérité dans les beaux-arts ou dans les commerces féminins, ou protection de femmes. Si vous voyez en X ♂ bien aspecté, c'est un présage de succès dans les métiers qui exigent de la vigueur, de l'énergie. Si ♂ est mal aspecté en X, il annonce des désastres dans la situation.

♄ en X, dit puissance, ambition, ténacité, s'il est fort; mais s'il est faible, le sujet rencontrera de nombreux obstacles.

♅ et ♆ en X, indiquent aussi bien des troubles étrangers et des expériences inattendues.

Si la majorité des planètes est en signes de feu, le sujet réussira dans l'industrie mécanique.

Si la majorité des planètes est en signes d'air, c'est l'annonce d'une situation libérale. Si c'est en signes d'eau, pronostiquez le commerce des alcools, des vins, ou des professions maritimes ou fluviales. En signes de terre, c'est la mine, l'agriculture, l'élevage, les constructions, les grandes entreprises, tous les métiers qui exigent du labeur et de la persévérance.

Si dans un thème, toutes les planètes sont rétrogrades ou placées sous l'horizon, elles annoncent au sujet un effondrement de fortune ou de position.

Lorsque les signes cardinaux occupent les angles de la nativité, le sujet sera le plus illustre de toute la famille.

Quand le milieu du ciel se trouve fortifié par la présence ou les bons aspects des bénéfiques, le sujet occupera une belle position.

Les planètes fortunées en IX, font les gens d'église ou les magistrats.

Si une bonne partie des planètes sont en chute ou en exil, ou pérygrines, cadentes, rétrogrades, le sujet sera continuellement éprouvé par la mauvaise fortune.

Plus les planètes sont signifiées dans un thème plus la situation est belle; plus elles sont infortunées, plus la vie du sujet est difficile.

☿ en ☌ avec ☉ dans ♎ ou ♍, indique de beaux succès dans les sciences ou la littérature.

Il est dangereux d'avoir une accumulation des planètes dans une même maison, — ce qu'on appelle un stellitum —, parce que les événements peuvent se précipiter coup sur coup à une période déterminée, et amener des événements surprenants et de fâcheux revers.

Un homme est né chanceux, lorsque la ☽ angulaire reçoit les bons aspects de toutes les planètes.

Ne jugez jamais une nativité sans connaître le sexe et la qualité sociale de l'individu. Ce dernier conseil est de toute rigueur.

BIBLIOTHÈQUE R. P. CAPUCINS

UN DERNIER MOT

Nous n'avons pas voulu abord : dans ce manuel la question des directions, c'est-à-dire des méthodes qui enseignent à déterminer la date des événements, et cela pour plusieurs raisons.

1° Parce que la place nous manquait.

2° Parce que c'est la partie moins sûre de toute l'astrologie... et peut-être faut-il se réjouir qu'il en soit ainsi.

3° Parce qu'elle offre des difficultés trop grandes pour les commençants.

Que ceux qui veulent vraiment connaître l'astrologie étudient d'abord à fond le présent traité. Quand ils le posséderont parfaitement, ils pourront alors aborder avec intérêt et utilité cette grave question des directions ; l'auteur de ce livre leur donnera volontiers à ce sujet tous les renseignements dont ils pourraient avoir besoin. Mais auparavant qu'ils apprennent à bien comprendre ce que disent les astres : Cœli enarrant.... !

GLOSSAIRE ASTROLOGIQUE

Composé spécialement pour ce traité

Affliction. — Aspect ou position défavorable pour une planète.

Anarète. — La planète qui arrête la vie en frappant l'hyleg.

Angles, — ou maisons *angulaires*. — Ce sont les I. IV. VII. X.

Aphète. — La planète qui aide l'hyleg et lui envoie de la force vitale.

Bénéfiques. — ♃ et ♀ ; et aussi ☉, ☽, ☿, s'ils sont bien aspectés.

Cadentes. — Les planètes en III, VI, IX, XII, sont dites cadentes, parce qu'elles sont en maisons cadentes.

Chute. — La situation d'une planète dans un signe opposé à son exaltation. — C'est une faiblesse essentielle.

Combuste. — La situation d'une planète à moins de 8° du ☉. — On n'est pas bien sûr que ce soit une faiblesse.

Cuspide. — La pointe d'une maison.

Déclinaison. — La distance d'une planète Nord ou Sud de l'équateur.

Degré. — La 30ᵐᵉ partie d'un signe dans le zodiaque, ou la 360ᵐᵉ partie du zodiaque.

Descendant. — Horizon ouest, ou cuspide de la VII.

Détriment. — Situation d'une planète dans un signe opposé à sa maison. — Faiblesse essentielle.

Direct. — Quand une planète se meut dans l'ordre régulier des signes, du ♈ au ♉, du ♉ aux ♊, etc.

Direction. — Cette partie de la science astrologique qui précise la date des événements futurs. On distingue les directions primaires qui sont basées sur la rotation de la terre autour de son axe, et les directions secondaires qui sont basées sur les révolutions des différents corps célestes, de la ☽ autour de la Terre, et de la Terre et des planètes autour du ☉.

Disposer. — Une planète dispose d'une autre quand elle la reçoit dans la maison dont elle est le seigneur.

Écliptique. — Le chemin apparent que suit annuellement le ☉ dans les cieux.

Élevé. — Ou *Culminant*. — Une planète située près de la cuspide de la X, est élevé dans l'horoscope.

Ephéméride. — Un almanach qui donne pour chaque jour la place des planètes à midi. Le meilleur actuellement est celui de Raphaël (Chez Daragon, 1 fr. 50 pour chaque année depuis 1800).

Exaltation. — Dignité essentielle d'un planète (Voir chap. des planètes, 1ʳᵉ partie).

Figure. — Le plan du ciel au moment de la naissance.

Hyleg. — (Voir 3ᵉ partie, chap. IV, art. 11).

Infortunes. — Ce sont ♂, ♄, ♅ et ♆.

Intercepté. — Signe situé entre les cuspides de deux maisons.

Latitude. — Distance N. ou S. de l'écliptique.

Longitude. — Distance mesurée sur l'écliptique.

Luminaires. — ☉ et ☽.

Maléfiques. — Voir « Infortunes ».

Méridien. — La ligne qui va de la pointe de la X à la pointe de la IV. Il y a donc le méridien inférieur qui se trouve au-dessous de l'horizon, et le méridien supérieur qui se trouve au-dessus.

Orbes. — (Voir 1re partie, chap. IV, art. 11).

Pérégrine. — Une planète qui n'a pas de dignités essentielles.

Rétrograde. — Une planète est rétrograde quand elle se meut en sens inverse des signes du zodiaque. De ♏ au ♉, de ♉ à ♈, etc.

☉ et ☽ ne sont jamais rétrogrades.

♅, ♆, ♄ et ♃ sont rétrogradés plusieurs mois chaque année.

♂ et ♀ sont rétrogrades, une fois tous les deux ans.

☿ est rétrograde trois fois par an.

C'est une faiblesse pour une planète.

Signes. — (Voir 1re partie, chap. III).

Seigneur. — C'est la planète qui gouverne le signe de la cuspide d'une maison.

Voir « dignités essentielles » des planètes.

Thème. — Étude raisonnée d'une figure astrologique

———

TABLE DES MATIÈRES

LILLE. — IMPRIMERIE LE BIGOT FRÈRES

BIBLIOTHÈQUE R. F.

LIBRAIRIE H. DARAGON

96-98, RUE BLANCHE, PARIS (IX')

GRATIS

J'envoie sur demande affranchie mes divers catalogues :

1. ## Sur les Sciences Occultes

(Livres neufs et d'occasion).

2. ## Sur la Question Louis XVII

(Livres neufs et d'occasion).

3. ## Sur la Littérature

(Livres d'occasion en tous genres).

EN DISTRIBUTION

CATALOGUES DE FONDS

(Avec illustrations)

Ouvrages neufs classés par ordre systématique

Sur le **Vieux Paris** — le **VIII° Siècle** — l'**Histoire** —
la **Littérature** — la **Question Louis XVII** — *les* **Enigmes**
de l'**Histoire** — *les* **Sciences Occultes**.

J'achète

BIBLIOTHÈQUES ET LIVRES NEUFS

et d'occasion

Sur les SCIENCES OCCULTES,

La QUESTION LOUIS XVII

Envoyer devis détaillé

LIBRAIRIE H. DARAGON

Dernières Publications

Dr J.-K. WILLIAMS

L'ART D'ÊTRE HEUR[illegible]

1 vol. . . . . 0 [illegible]

Pierre PIOBB

FORMULAIRE DE HAUTE MAGIE

Clef des grimoires, rituels des cérémonies, [illegible] fetiches, talismans, voyance, envoûtement, vampirisme, etc.) 1 vol. avec fig[illegible] 2 50

Pierre PIOBB

L'ANNÉE OCCULTISTE & PSYCHIQUE (1907)

(1re Année). — Exposé des observations scientifiques et des travaux sérieux publiés en France et à l'étranger en 1907 dans les sciences [illegible] : [illegible] alchimie, symbolique, [illegible], arts divinatoires, prophétique, psychisme, spiritisme, magnétisme. 1 vol. avec figures 3 50

Robert FLUDD

TRAITÉ D'ASTROLOGIE GÉNÉRALE

Traduit et annoté par Pierre Piobb. 1 vol. . . . . 10 »

Robert FLUDD

TRAITÉ DE GÉOMANCIE

Traduit et annoté par Pierre Piobb. (La géomancie est un moyen très ancien et très curieux, quoique facile, de prédire l'avenir). 1 vol. 1 50

H. Daragon, Imprimeur-Éditeur, Paris

www.ingramcontent.com/pod-product-compliance
Ingram Content Group UK Ltd.
Pitfield, Milton Keynes, MK11 3LW, UK
UKHW020924140726
13695UKWH00003B/953